LA PREMIÈRE SECONDE

DU MÊME AUTEUR

Évolution stellaire et Nucléosynthèse
Gordon and Breach/Dunod, 1968

Soleil
*(en collaboration avec J. Véry,
E. Dauphin-Lemierre et les enfants d'un CES)
La Nacelle, Genève, 1992*

Patience dans l'azur
*Seuil, coll. « Science ouverte », 1981
et coll. « Points Sciences », 1988 (nouvelle édition)*

Poussières d'étoiles
*Seuil, coll. « Science ouverte », 1984 (album illustré)
et coll. « Points Sciences », 1994 (nouvelle édition)*

L'Heure de s'enivrer
*Seuil, coll. « Science ouverte », 1986
et coll. « Points Sciences », 1992*

Malicorne
*Seuil, coll. « Science ouverte », 1990
et coll. « Points », n° P 144, 1995*

Compagnons de voyage
*(en collaboration avec J. Obrenovitch)
Seuil, 1992*

Comme un cri du cœur
*(ouvrage collectif)
L'Essentiel, Montréal, 1992*

Dernières Nouvelles du cosmos
Seuil, coll. « Science ouverte », 1994

L'espace prend la forme de mon regard
Éditions Myriam Solal, 1995

HUBERT REEVES

LA PREMIÈRE SECONDE

DERNIÈRES NOUVELLES DU COSMOS. 2

ÉDITIONS DU SEUIL
*27, rue Jacob, Paris VI*ᵉ

Remerciements

Les manuscrits de *Dernières Nouvelles du cosmos* et de *La Première Seconde* ont été revus et corrigés par Jean-Pierre Bibring, Yves David, Jean-Marc Lévy-Leblond, Camille Scoffier-Reeves, Nicolas Reeves, Sylvie Vauclair. Je les remercie chaleureusement de leur aide et de leurs conseils.

ISBN 2-02-022588-3
(ISBN édition reliée 2-02-026012-3)

© ÉDITIONS DU SEUIL, SEPTEMBRE 1995

Le Code de la propriété intellectuelle interdit les copies ou reproductions destinées à une utilisation collective. Toute représentation ou reproduction intégrale ou partielle faite par quelque procédé que ce soit, sans le consentement de l'auteur ou de ses ayants cause, est illicite et constitue une contrefaçon sanctionnée par les articles L. 335-2 et suivants du Code de la propriété intellectuelle.

Aux rêveurs de la science, dont les délires les plus fous correspondent quelquefois à la réalité.

Table

Mode d'emploi. 19

1. Un tour d'horizon 21

Quelques balises 23
Le mariage houleux de la physique et de l'astrophysique 23
La quête des fossiles 24
Le mystère de la constante cosmologique 26
L'ultime *terra incognita*. 27
Les fins de siècle se ressemblent.................. 28
   1. *L'éther et la masse manquante* 28
   2. *La stabilité de la matière*. 29
   3. *Galactique ou extragalactique ?* 30
Dernières dernières nouvelles...................... 31
   Enfin de vieux atomes de deutérium et d'hélium .. 31
   La température des galaxies lointaines 31
   L'âge de l'univers 32
   Pas assez de petites étoiles... 32

2. Où est passée l'antimatière ? 33

Si peu d'antimatière dans le cosmos... 35
« Mon équation est plus intelligente que moi ». ... 37
Dirac prédit l'existence de l'antimatière 38
Démographie des photons 39
Une hécatombe d'électrons 40
Les rescapés du massacre. 41

Relevé de terrain	42
Les jeux des masses et des températures	43
Et les antiprotons ?	44
Les électrons font semblant de tourner	45
A nouveau, fermions et bosons	46

⚠ **2R. Neutrinos et antineutrinos** 47

Pas de rayonnement fossile d'électrons-positrons...... 48

3. Le monde des quarks 50

La découverte des quarks	51
Que signifie « exister » ?	52
Un fil à la patte	54
Un plasma de quarks et de gluons	55
Un plasma à l'échelle du cosmos	56
Gel et surfusion	57
Une hécatombe de quarks	59
Relevé de terrain	60
La « chaîne » des quarks	60
Symétries	62
Symétries perdues	64

⚠ **3R. La transition quark-hadron** 66

Diagramme de phase	66
Modèle simple de la transition	68

⚠ **4. Unifications des forces** 72

Unification électrofaible	73
Une prédiction réussie	75
Symétrie électrofaible	76

Un épisode d'inflation électrofaible 77
Au-delà de la portée des accélérateurs 78
Les étapes vers la « grande unification » 79
Des constantes de couplage qui convergent 80
La matière est-elle pourrie ? 83
Les protons ne jouent pas le jeu 85
L'origine de la matière 86
Relevé de terrain 88
Le mystère des monopôles absents 88

⚠ **4R. Invariances et symétries en physique moderne** 91

La méthode du lagrangien 91
Formulation générale 92
Quelques exemples 94
Invariance de phases 95
Théories de jauge 96
Supraconducteurs et champs de Higgs 98
Propriétés des champs scalaires 99
Origine de l'équation d'état quantique 101
Énergie potentielle du champ 102
Champs scalaires dans un univers en expansion 103
Phases d'annihilation en cosmologie 105
Recherche de la masse sombre : les wimps ? 108
Origine de l'asymétrie matière-antimatière 108
Particules et antiparticules n'ont pas toujours des comportements symétriques 110
Les espoirs déçus de la grande unification 112
Asymétrie leptonique 114

5. L'énigme de la constante cosmologique 115

Le problème de l'âge de l'univers 116
La constante cosmologique et la physique quantique ... 118
Les champs scalaires et le « vide quantique » 118
Une crise majeure pour la physique et la cosmologie ... 121
Les messages de la lumière 122

⚠ **5R. Le problème de la constante cosmologique**......... 123

    Contributions des champs scalaires d'unifications 125

6. L'ère de Planck 127

    Une jonction qui se fait attendre 127
    Localisations 128
    On demande un nouveau Dirac 130
    La frontière actuelle de la connaissance 130
    Au-delà de l'espace et du temps ? 131
    Relevé de terrain 132
    Une théorie ambitieuse 133
    L'intuition de Pythagore........................ 134
    Un pont qui n'arrive pas à se construire............. 135
    Dimensions supplémentaires 135
    Un univers-fantôme........................... 137
    Un univers « gratuit »......................... 138
    Un univers de poupées russes 139

7. Inflation cosmologique...................... 141

    La thérapeutique inflationnaire................... 143
    La planéité et la rotation de l'espace 145
    Monopôles et trous noirs primordiaux.............. 148
    Surfusions aquatiques et quantiques 149
    Scénario cosmologique inflationnaire 151
    Chronologie des épisodes inflationnaires............ 153
    Problèmes du scénario inflationnaire............... 154

⚠ **7 R. Scénarios inflationnaires**.................. 156

    Le scénario cosmologique 157
    Phase de réchauffement........................ 158
    Isothermie et causalité 158

La planéité du cosmos 160
L'entropie initiale 162
Regard critique sur le modèle inflationnaire. 163

8. Les défauts des champs scalaires 165

Quartz et agates. 168
Champs magnétiques. 169
Symétrie spontanément brisée 170
Secteurs magnétiques. 170
Dislocations et secteurs des champs quantiques 172
Monopôles, cordes cosmiques et murs domaniaux 173

⚠ 8R. Défauts topologiques 175

Les murs domaniaux 176
Les cordes. 177
Les monopôles magnétiques. 178

9. Origine des structures (1) 179

Trois problèmes. 179
L'inflation offre à nouveau ses services. 181
Une condensation trop lente 183
Les propriétés du rayonnement fossile. 184
Le développement des structures cosmiques 185
Morphologie des galaxies. 186

⚠ 9R. Origine des structures (2). 188

La masse de Jeans 189
La masse de Jeans relativiste 191
La masse causale. 192
La masse de Jeans non relativiste 194

La masse de Silk	195
La masse de Jeans des neutrinos	196
Spectre des fluctuations de densité	197
Évolution des structures primordiales	200
L'analyse complète : aperçu présent	202

10. L'astronomie des ondes gravitationnelles 205

Qu'est-ce qu'une onde gravitationnelle ?	205
Le pulsar double	207
Un métronome astronomique	208
Les gravitons existent-ils ?	210
Projets de détection des ondes gravitationnelles	211
Sondeur des profondeurs denses	212
Des messages en provenance de la *terra incognita* !	213

11. La place de l'homme dans l'univers 215

Le principe anthropique	216
Paramètres stériles et paramètres fertiles	217
Des univers à la pelle	219
« Au commencement était la physique quantique »	221
Crépuscule de septembre	222

Notes	225
Lexique	233

Table des illustrations

Figure 2 A.	Structure du neutron et de l'antineutron...	34
Figure 2 B.	Annihilation électron-positron	34
Figure 2 C.	Quelques particules et leurs antiparticules	35
Figure 2 D.	Si notre Soleil était constitué d'antimatière...	36
Figure 2 E.	Tableau de plusieurs particules importantes	43
Figure 3 A.	Réseau cristallin	57
Figure 3 B.	Multiplication des pions..............	61
Figure 3 C.	Les rotations du carré................	63
Figure 3 D.	Symétrie cylindrique	64
Figure 3R A.	Diagramme de phase de la matière nucléaire	67
Figure 3R Ba.	Pression des deux phases	70
Figure 3R Bb.	Densité d'énergie des deux phases	70
Figure 3R Bc.	Densité d'entropie des deux phases......	70
Figure 4 Aa.	Interaction faible...................	74
Figure 4 Ab.	Désintégration du neutron	74
Figure 4 B.	Tableau des transformations de la symétrie électrofaible	77
Figure 4 C.	Variation des constantes de couplage.....	81
Figure 4 D.	Tableau des transformations de grande unification	83
Figure 4 E.	Désintégration du proton	84
Figure 4 F.	Historique de l'asymétrie matière anti-matière	87
Figure 4R A.	Potentiel de Higgs..................	102
Figure 4R B.	Potentiel associé au champ magnétique d'un bloc de fer....................	103

Figure 4R C.	Population des particules et antiparticules en fonction de leur masse et de la température	106
Figure 5R A.	Variation de la somme des densités d'énergie des champs scalaires	126
Figure 6 A.	Épaisseur d'un fil mince	136
Figure 7 Aa.	Évolution de la température dans le scénario Friedmann-Lemaître (sans inflation).	142
Figure 7 Ab.	Évolution de la température dans le scénario inflationnaire	142
Figure 7 Ba.	Dimensions dans le scénario ordinaire	144
Figure 7 Bb.	Dimensions dans le modèle inflationnaire (avant l'inflation)	145
Figure 7 Bc.	Dimensions dans le modèle inflationnaire (après l'inflation)	145
Figure 7 C.	Patineur artistique	147
Figure 7 D.	Refroidissement aquatique	150
Figure 7 E.	Épisode inflationnaire	152
Figure 7 Fa.	Évolution de la densité dans le scénario Friedmann-Lemaître (F-L)	161
Figure 7 Fb.	Évolution de la densité dans le scénario inflationnaire.	161
Figure 8 A.	Le banquet des physiciens	166
Figure 8 B.	Crayon sur sa pointe	167
Figure 8 C.	Boussole	169
Figure 8 Da.	Bloc de fer refroidi lentement	171
Figure 8 Db.	Refroidissement rapide d'un bloc de fer	171
Figure 8R A.	Structure d'un mur domanial	176
Figure 9 Aa.	Répartition des galaxies jusqu'à six cents millions d'années-lumière	180
Figure 9 Ab.	Répartition des galaxies jusqu'à un milliard d'années-lumière	180
Figure 9 B.	Fluctuation des concentrations des masses en fonction de leurs dimensions	186
Figure 9R A.	Masses importantes en cosmologie.	192
Figure 9R B.	Évolution d'une surdensité	193

Figure 9R C.	Évolution de la même surdensité avec une composante de neutrinos	198
Figure 9R D.	Amplitude théorique du spectre de fluctuations	201
Figure 9R E.	Rayonnement fossile et concentration de masses	203
Figure 10 A.	Déphasage de l'orbite d'un pulsar	209
Figure 11 A.	Univers fertiles	218
Figure 11 B.	Modèle d'Andreï Linde	220

Mode d'emploi

Le livre s'adresse à deux classes de lecteurs. Au premier niveau, il se veut « grand public ». Les faits et leur interprétation sont présentés simplement, sans équations. Les notions de physique y sont réduites au minimum. Introduites progressivement, elles sont souvent reprises. « Comprendre », c'est d'abord « se familiariser ».

Au second niveau, le livre s'adresse à un auditoire plus scientifique. Les lecteurs ont déjà une connaissance des notions fondamentales de la physique ainsi que du formalisme mathématique qui les sous-tend. Cette version est fondée sur des notes de cours destinées aux chercheurs en physique et en astronomie.

Pour atteindre tous les lecteurs, j'ai utilisé la stratégie des « pistes vertes » et des « pistes rouges » familière aux skieurs des Alpes. Le lecteur peu habitué au langage mathématique pourra se contenter de la piste verte qui comprend la plus grande partie du texte. Il saura pourtant que les propositions énoncées dans son parcours sont discutées plus longuement dans l'autre (les « pistes rouges » sont balisées par le signe ⚠ dans la marge). Peut-être sera-t-il tenté d'y aller voir par lui-même. Peut-être aura-t-il le plaisir de découvrir en lui-même des capacités intellectuelles ignorées ou sous-estimées.

L'enseignement scolaire et universitaire ne s'intéresse trop souvent qu'à l'aspect formel des sciences. On lui a reproché d'en ignorer l'histoire. De négliger les implications philosophiques des connaissances scientifiques. De ne pas chercher à les intégrer dans la réalité du monde, de la vie et du moi. De ne pas promou-

La Première Seconde

voir la réflexion sur leur impact sociologique. En un mot, de les avoir coupées de la culture.

L'étudiant en physique trouvera dans la « piste verte » certains éléments qui lui permettront de combler partiellement cette lacune. Ils l'inciteront, du moins je l'espère, à une réflexion personnelle sur les fondements et les implications culturelles de son activité professionnelle.

Ce livre, qui prend la suite des *Dernières Nouvelles du cosmos*, y renvoie assez souvent sous l'abréviation *DNC*.

Les notes (appelées en gras) sont numérotées en continu dans l'ouvrage et regroupées à la fin, aux pages 225-232.

Les termes techniques les plus importants, signalés par un astérisque à leur première occurrence, sont expliqués dans le lexique (p. 233-252).

1. Un tour d'horizon

Le titre de ce livre, *La Première Seconde*, est quelque peu trompeur. Il donne l'impression que nous *savons* ce qui s'est passé pendant la première seconde du cosmos et que nos connaissances sont suffisamment détaillées pour faire l'objet d'un livre de plus de deux cents pages. Notons d'ailleurs que cette longueur est comparable à celle des *Dernières Nouvelles du cosmos* (*DNC*) qui couvraient l'ensemble de l'histoire du cosmos moins cette première seconde.

Essayons de considérer la situation dans une perspective plus réaliste et aussi plus modeste. Des titres comme *La Première Seconde* ou *Les Trois Premières Minutes* de Steven Weinberg laissent entendre que nous aurions identifié un « temps zéro » de l'univers à partir duquel se mesureraient ces intervalles de temps. Rien ne saurait être plus éloigné de la réalité. Il importe, si on peut s'exprimer ainsi, de « remettre les pendules à l'heure ».

Notre premier parcours, dans les *DNC*, nous a amenés, à partir d'aujourd'hui, vers un passé que nous avons balisé par sa température. Nous sommes remontés jusqu'à environ dix milliards de degrés. Dans la formulation traditionnelle de la théorie du Big Bang, cette température correspond au moment où l'horloge du cosmos marque une seconde.

Mais la carte n'est pas le territoire. Les frontières de la carte décrivent souvent d'une manière inadéquate la nature du territoire. Surtout si ces régions frontalières n'ont pas encore été explorées. Aux très hautes températures que nous allons maintenant arpenter, deux difficultés se présentent à nous. Non seule-

La Première Seconde

ment nous manquons d'observations pertinentes, mais la théorie elle-même nous fait défaut. Nous avons toutes les raisons de penser qu'au-delà d'une certaine limite (environ 10^{32} degrés [1]) les notions mêmes de température et de temps perdent leur sens. D'où l'impossibilité de définir un temps « zéro », lequel correspondrait à une inatteignable température infinie ou encore à une hypothétique « singularité d'espace-temps ».

Dans les *DNC*, la méthode de notre projet d'étude du passé du cosmos a été comparée successivement à celle de l'explorateur des continents vierges, à celle du préhistorien et à celle du détective. L'astrophysicien part à l'aventure dans un territoire inconnu. Il recueille les fossiles révélateurs du passé et cherche à les interpréter correctement. En parallèle, il échafaude des scénarios variés qu'il compare aux données des télescopes. La prédiction vérifiée des résultats d'observations est toujours son meilleur guide dans le choix de la meilleure théorie cosmologique.

Ne perdons jamais de vue cette démarche exploratoire qui, par définition, passe du connu vers l'inconnu. Nous ne savons pas de quoi est fait le passé avant d'y être allés voir. Les mots « l'univers était à dix milliards de degrés » prennent maintenant pour nous un sens précis en termes de phénomènes physiques. Les mots « son âge était alors d'une seconde » n'ont aucun contenu autre que conventionnel.

Il peut paraître paradoxal de consacrer autant de pages à cette période archaïque de la première seconde qu'à l'ensemble des événements décrits dans les *DNC*. Il y a plusieurs raisons. La température accélère généralement le rythme des phénomènes physiques. Les événements se succèdent à une vitesse prodigieuse. Il peut se passer plus de processus variés en une fraction de seconde de l'univers primitif chaud qu'en un milliard d'années dans notre monde froid.

Notre manque de données précises en physique des hautes énergies explique également la longueur du texte. Plus nos connaissances sont incertaines et floues, plus leur présentation exige de précautions, de circonlocutions et de conditionnels.

Un tour d'horizon

Quelques balises

Le mouvement d'éloignement des galaxies, le rayonnement fossile*[2] de photons* et les abondances relatives des quelques noyaux légers ont fondé pour nous la crédibilité du Big Bang. La distribution des quasars dans l'espace et l'estimation correcte du nombre de familles de particules élémentaires* ont corroboré la validité de cette histoire du cosmos

Grâce à ces fossiles, nous avons pu explorer le passé jusqu'au moment où l'univers se présentait comme un immense magma de particules élémentaires. On y trouvait des photons, des neutrinos*, des électrons*, des protons* et des neutrons*. Mais pas d'atomes, de molécules, de galaxies ni d'étoiles. C'est dans ce paysage aride et torride que nous plantons maintenant notre bâton de pèlerin cosmique pour remonter plus loin encore dans le passé.

Le mariage houleux de la physique et de l'astrophysique

Au début de notre siècle, on ne connaissait que deux forces de la nature : la gravité* et l'électromagnétisme*. Quand, en 1915, Einstein formule la relativité générale, la force nucléaire* et la force faible* manquent encore à l'appel. Par la suite, et jusqu'à sa mort en 1955, Einstein cherche vainement à formuler une *théorie complète* de la physique. Sa négligence à y englober les nouveaux phénomènes que l'expérimentation mettait au jour est une des raisons de cet échec. Cette même difficulté menace toute tentative de mettre un point final à la science ; des résultats imprévus peuvent, à tout instant, la remettre en cause.

De Pic de La Mirandole, grand lettré de la Renaissance, on disait qu'il avait notion de toutes les choses connues (*tota gnota*), de toutes les choses inconnues (*tota ignota*) et même de quelques

La Première Seconde

autres (*et quaquam alia*)... Tel est l'idéal nécessaire, mais inatteignable, du cosmologiste. Un essai de compréhension globale du monde doit tenir compte de tout ce qui existe. En pratique, on fait avec ce que l'on a !

Dans sa formulation initiale, par Friedmann et Lemaître, la théorie du Big Bang ignore tout des prodigieux développements de la physique quantique et des nouvelles forces découvertes en laboratoire. Mais le monde des physiciens et celui des astronomes ne font qu'un ! D'où la nécessité d'intégrer dans la cosmologie *toutes* les facettes de la réalité que nous révèlent les expérimentateurs. Cette tâche souvent ardue constitue la trame de ce livre.

La physique étudie le comportement de la matière dans différents domaines d'énergie. Dans le cadre du Big Bang, ces domaines correspondent à des périodes où elle se trouvait à des températures élevées. Les accélérateurs en « simulent » le comportement. Les événements qui se sont alors produits ont profondément influencé l'évolution postérieure du cosmos. Dans leurs télescopes, les astronomes en voient les résultats [3].

Les deux communautés explorent conjointement le lointain passé du cosmos. Elles se réunissent régulièrement pour faire le point. Les acquis de la physique compliquent parfois singulièrement les visions souvent simplistes des astrophysiciens. Mais ils apportent aussi l'espoir de soulager certains problèmes posés par le Big Bang (*DNC*, chap. 9 et 10).

La quête des fossiles

Fidèles à notre méthode, nous cherchons les fossiles susceptibles de nous guider dans notre nouveau parcours.

Parmi les réalités nouvelles débusquées par la physique, il existe une substance insolite nommée « antimatière* ». Contrairement à la matière, sa sœur jumelle, l'antimatière, est très rare dans notre univers contemporain. Elle est, en quelque sorte, la parente pauvre du cosmos. Pourquoi est-elle à ce point défavori-

Un tour d'horizon

sée ? En a-t-il toujours été ainsi ? Quel rôle a-t-elle joué dans l'évolution du monde ? Quelles traces a-t-elle laissées ? Les réponses à ces questions nous feront faire un bond immense dans le passé du cosmos (chap. 2).

Les protons et les neutrons, nous l'avons appris ces dernières décennies, ne sont pas des particules élémentaires. Ils sont constitués de quarks*. Mais on n'a jamais pu isoler un quark comme on isole un électron ou un photon. La vie solitaire leur est interdite. Ils sont toujours confinés en paires ou en triplets.

Pourtant, il n'en a pas toujours été ainsi. Aux temps les plus anciens, l'univers se présente comme un vaste plasma où quarks et gluons* nagent librement parmi les électrons, les neutrinos et les photons. Cet état de liberté se termine brutalement quand la température descend en dessous d'un trillion (10^{12}) de degrés. Une transition* se produit alors, au cours de laquelle les quarks s'associent pour donner naissance aux nucléons*. Le chapitre 3 sera consacré à la description de cette transformation de la matière à l'échelle cosmique.

La nature et le comportement des forces qui régissent la matière seront au centre de nos préoccupations. La nucléosynthèse primordiale* nous a déjà fourni de précieux renseignements à leur sujet (*DNC*, chap. 8). Ces forces n'ont pas changé d'un iota entre le moment où l'univers était à dix milliards de degrés et aujourd'hui. Aux températures encore plus élevées, notre enquête nous révèle un comportement différent. Leurs propriétés changent avec la température. Et d'une façon tout à fait étonnante. Remontons le cours du temps vers le Big Bang. La force électromagnétique et la force faible, si différentes dans notre monde froid, en viennent à se ressembler quand la température augmente ! Au-dessus de mille trillions de degrés (10^{15} K), les deux forces se confondent : on dit qu'elles sont « unifiées ». A des températures beaucoup plus élevées (10^{28} K), la force nucléaire semble les rejoindre dans une majestueuse rencontre appelée « grande unification* ». Ces événements ont vraisemblablement eu des répercussions considérables sur l'histoire du cosmos et sur la physionomie qu'il présente aujourd'hui (chap. 4).

La Première Seconde

Dans leurs efforts pour comprendre la nature des événements qui ont accompagné ces phénomènes, les physiciens ont découvert l'existence de nouvelles formes d'énergie appelées « énergies du vide* ». A certaines périodes de l'histoire de l'univers, ces énergies auraient dominé le cours des événements. Des épisodes dits « inflationnaires* » auraient laissé des empreintes visibles sur les observations contemporaines (chap. 7).

Quelques mots de prudence pourtant. Nos accélérateurs contemporains ne dépassent guère le trillion (10^{12}) d'électron-volts (soit l'équivalent de 10^{16} K). Notre connaissance de la physique au-delà de cette limite est indirecte et sujette à caution. Nous sommes dans la zone de pénombre qui entoure la *terra incognita* (*DNC*, p. 41).

Le mystère de la constante cosmologique

Depuis ses tout premiers balbutiements, la théorie du Big Bang est aux prises avec une notion encombrante et malaisée : la fameuse « constante cosmologique* » (*DNC*, p. 88). Elle nous colle à la peau comme un vieux sparadrap dont on ne sait se défaire... Elle pourrait se manifester, par exemple, en courbant notre espace. Or, sous l'œil de nos télescopes, notre cosmos ne semble pas courbé. Aussi loin que nous observons le ciel, les parallèles ne se rejoignent ni ne divergent. En conséquence, on pourrait penser que, si elle n'est pas nulle, cette constante cosmologique doit avoir une bien faible valeur...

Mais la physique moderne vient mettre ici son (énorme !) grain de sel. A l'entendre, la constante cosmologique devrait être gigantesque. Conséquence concrète ? Vous ne verriez pas le bout de votre nez ! Rien à voir avec le monde que nous connaissons... Comment expliquer cette situation paradoxale ? Il s'agit là d'un problème majeur de la cosmologie contemporaine. On y reviendra au chapitre 5, sans d'ailleurs l'éclairer davantage.

Un tour d'horizon

L'ultime *terra incognita*

A l'échelle de milliards d'années-lumière, notre univers est extrêmement homogène ; partout pareil. A des échelles plus petites, à l'inverse, il présente des structures bien différenciées : amas de galaxies, galaxies et étoiles. Les problèmes liés à l'origine de ces structures, nées dans le magma homogène, feront intervenir des phénomènes très anciens du cosmos (chap. 9).

De proche en proche, nous serons ainsi menés vers des températures de plus en plus élevées. Nous aborderons finalement cette région mystérieuse où toutes nos connaissances s'effondrent : le domaine dit « de Planck* ». C'est, pour l'instant, l'ultime *terra incognita*. Ici, la théorie elle-même est inexistante.

Ce n'est pas faute d'efforts. Depuis plusieurs décennies, de nombreux théoriciens ont cherché à pénétrer ce territoire vierge de la connaissance. Ils ont cru y voir, par exemple, une faune étrange constituée de « supercordes* ». Ces êtres bizarres pourraient bien nous permettre de pousser encore plus loin notre exploration du passé. On a fondé sur eux de grands espoirs physiques et cosmologiques. Mais nous en sommes encore au niveau des promesses.

Ce domaine de Planck restera-t-il indéfiniment celui des spéculations ? Peut-être pas. Des instruments se préparent à l'observer. Ils comptent utiliser non pas les ondes lumineuses – comme nos yeux et nos télescopes optiques – mais les *ondes gravitationnelles*. Ce projet se poursuit depuis plusieurs décennies. Il devrait entrer dans sa phase opérationnelle d'ici cinq ou dix ans. Il s'agit de télescopes capables de détecter les ondes gravitationnelles émises par les astres. Ces particules hautement pénétrantes pourraient nous parvenir directement du domaine de Planck (*DNC*, p. 130). Elles apporteront, espérons-le, des renseignements sur cette zone aujourd'hui impénétrable.

Comme tous les territoires mythiques – Édens, Atlantides ou Eldorados –, le domaine de Planck héberge les rêves les plus

La Première Seconde

fous. Par exemple, l'espoir d'expliquer *l'existence même* de l'univers à partir des lois de la physique ! Si ce rêve devait se réaliser, devrions-nous en conclure que les idées, les nombres et les lois « préexistent » au monde et le « sous-tendent » ? Qu'ils sont l'ultime réalité ? Le philosophe retrouve ici le vieux débat platonicien. Pourtant, paraphrasant Stephen Hawking, ne resterait-il pas encore à identifier la nature du « feu » qui, soufflant sur ces « idées », leur a donné un cosmos à décrire ?

Les fins de siècle se ressemblent...

Les problèmes qui se posent aux astrophysiciens à l'aube de l'an 2000 présentent de curieuses analogies avec ceux qui préoccupaient nos collègues à la fin du siècle dernier. Trois cas sont particulièrement remarquables.

1. L'éther et la masse manquante

Ayant découvert le caractère ondulatoire de la lumière, les scientifiques du XIXe siècle s'interrogeaient sur la nature de cette onde. La lumière est une oscillation, mais une oscillation de quoi ? Qu'est-ce qui « porte » la lumière, comme l'air porte les ondes sonores ? Qu'est-ce qui lui permet de nous arriver des étoiles lointaines, alors que le son est limité aux régions atmosphériques ?

Ayant imaginé la présence d'une substance subtile, l'« éther », les physiciens firent de grands et vains efforts pour la détecter. En 1905, Einstein mit fin à cette quête en évacuant tout bonnement le concept même d'éther. Sa reformulation des rapports entre le temps, l'espace et la vitesse n'avait que faire de cette invention encombrante. La lumière n'a pas besoin de milieu porteur, elle voyage parfaitement bien dans le vide intersidéral. En fait, plus c'est vide, mieux elle se propage...

Depuis plusieurs décennies, les mesures de la vitesse des

Un tour d'horizon

étoiles et des galaxies dans les amas nous imposent l'existence d'une importante composante de matière cosmique dont la composition nous échappe. Comme nos collègues d'il y a cent ans, nous cherchons à détecter et à identifier la nature de cette « masse manquante » ou « sombre* » (*DNC*, p. 79). Mais rien ne se profile encore à l'horizon... Ce problème occupe une place majeure dans la recherche contemporaine.

L'histoire de l'éther et son heureux dénouement peuvent-ils nous venir en aide ? Est-ce un faux problème ? Une reformulation de la théorie de la gravité pourrait-elle le résoudre en l'évacuant ? Plusieurs chercheurs ont envisagé cette hypothèse. Mais sans succès. Aucune solution n'est en vue. Et les physiciens cherchent toujours dans leur laboratoire la particule ou la substance sous laquelle se cachent plus des deux tiers de la masse du cosmos.

2. La stabilité de la matière

La longévité des atomes demeure, comme il y a cent ans, un problème majeur mais pour des raisons différentes.

A la fin du siècle dernier se posait le problème de la stabilité de la matière. La théorie de Newton suggère pour les atomes l'image d'électrons tournant autour du noyau, comme les planètes autour du Soleil. Selon la théorie électromagnétique de Maxwell, ces électrons émettent de la lumière. Cette émission lumineuse se fait aux dépens de l'énergie de son mouvement. En conséquence de cette perte d'énergie, les électrons devraient spiraler rapidement vers le noyau. L'atome devrait s'effondrer en une infime fraction de seconde !

Pourtant, les atomes, nous le savons d'expérience, durent longtemps. Les âges de nos pierres se chiffrent en milliards d'années ! Ce paradoxe a servi de guide au développement de la physique atomique au début de notre siècle. La théorie quantique « interdit » l'effondrement des atomes. Par là, elle protège et assure la stabilité de la matière. La physique quantique a modifié, à ne plus s'y reconnaître, notre perception même de la réalité.

Aujourd'hui, c'est la longévité du proton qui est en jeu. Le pro-

La Première Seconde

ton est-il stable ? A toutes fins pratiques, les acquis de la physique moderne le lui interdisent. Tôt ou tard, il doit se désintégrer. Mais quelle est sa « durée de vie » ? Notre existence même montre que ce temps ne doit être ni trop court ni trop long. Ce sujet fascinant sera développé au chapitre 4.

3. Galactique ou extragalactique ?

A la jonction du XIXe et du XXe siècle, les nébuleuses sont au centre d'un vif débat. Ces lueurs floues parmi les étoiles se situent-elles dans notre Voie lactée ? Ou bien se trouvent-elles à des distances gigantesques, sous forme de galaxies analogues à la nôtre ? Les fameux « univers-îles » d'Emmanuel Kant ! Un sondage effectué lors d'un colloque d'astronomes montre alors une nette préférence pour la première option. Le débat se poursuit jusqu'à ce que l'astronome Slipher et ses collègues prouvent que la nébuleuse d'Andromède est une authentique galaxie.

Aujourd'hui, les « sursauts gamma » font l'objet d'un débat analogue. Depuis plusieurs années, les astrophysiciens enregistrent des arrivées brusques de photons de haute énergie. Ces « flashes » de très brève durée nous arrivent de toutes les régions du ciel. Mais d'où viennent-ils ? A quelles distances sont leurs sources ? Leurs directions ne semblent correspondre à aucun astre connu. Ces objets sont-ils galactiques ou extragalactiques ? Dans le second cas, les énergies mises en jeu seraient gigantesques. Elles pourraient avoir d'importantes incidences cosmologiques. Lors d'un sondage récent pendant un symposium, la majorité des astronomes a favorisé cette version. Mais, pour l'instant, aucun scénario crédible de l'origine de ces sursauts n'a été élaboré. Le mystère reste entier. De quoi alimenter les imaginations fertiles...

Un tour d'horizon

Dernières dernières nouvelles

L'exploration du cosmos se poursuit à vive allure. Ce livre paraît un an tout juste après les *DNC*. Depuis, de nombreuses observations sont venues s'ajouter au dossier de la cosmologie. Je profite de ce premier chapitre pour faire le point (juillet 1995).

Enfin de vieux atomes de deutérium et d'hélium

La nucléosynthèse primordiale décrit la formation des atomes légers en termes de réactions nucléaires dans la purée primitive. (*DNC*, chap. 8). Son but est d'expliquer l'abondance de ces atomes aux premiers temps du cosmos. Mais les mesures de ces éléments obtenues avant 1994 portaient sur des astres relativement récents. Ce décalage constitue une difficulté supplémentaire dans la comparaison de la théorie et des observations.

Au printemps 1994, des atomes de deutérium et d'hélium ont été détectés dans des nébuleuses extragalactiques très anciennes. Situées à environ douze milliards d'années-lumière, ces masses gazeuses – illuminées par des quasars plus anciens encore – nous le confirment : ces atomes existaient bien aux tout premiers temps du cosmos. Leurs abondances sont encore incertaines. La situation devrait s'améliorer rapidement. Deux points majeurs émergent déjà : nous avons enfin des mesures sur des objets très anciens et, qualitativement au moins, ces données sont en accord avec la théorie du Big Bang.

La température des galaxies lointaines

Selon la théorie du Big Bang, l'univers se refroidit. La lumière provenant des galaxies lointaines a été émise quand l'univers était plus chaud qu'aujourd'hui. Des chercheurs ont réussi, au printemps 1994, à mesurer la température du rayonnement fossile dans une galaxie située à près de dix milliards d'années-lumière. Au lieu des 2,7 degrés K de chez nous, elle est de 7,4 degrés K,

La Première Seconde

en excellent accord avec la théorie du Big Bang. Cette observation le confirme : quand on regarde loin, on voit chaud. L'univers était bien plus chaud dans le passé.

L'âge de l'univers

La « constante de Hubble » nous donne la vitesse des galaxies en fonction de leurs distances (*DNC*, p. 61 et 102). Sa mesure précise peut, moyennant certaines hypothèses, nous donner l'âge de l'univers*.

Deux nouvelles mesures de la constante de Hubble (dont une grâce au télescope spatial nommé précisément « Hubble ») ont été obtenues en 1994. Les valeurs relevées sont en bon accord entre elles : environ 80 kilomètres par seconde par Megaparsec. En adoptant pour la densité universelle les valeurs les plus vraisemblables (*DNC*, p. 82), on obtient un âge d'environ douze milliards d'années.

Cette évaluation a créé un certain émoi dans la presse populaire. Elle paraît un peu courte par rapport à certaines estimations de l'âge des plus vieilles étoiles. Mais, tenant compte des incertitudes inhérentes à ces données, le problème ne semble pas grave [4]. Nous y reviendrons au chapitre 7.

Pas assez de petites étoiles...

Le problème de la masse sombre peut se résumer en quelques mots : il y a environ dix fois plus de matière qui gravite que de matière qui brille. Il pourrait s'agir de petites étoiles situées à la périphérie de notre galaxie. Les derniers travaux des astrophysiciens ne semblent pas confirmer cette hypothèse. Les techniques de lentilles gravitationnelles (*DNC*, p. 80) n'ont pas détecté une quantité suffisante d'étoiles de faible luminosité pour combler le déficit. Les observations du télescope Hubble ont indirectement confirmé ce bilan.

2. Où est passée l'antimatière ?

L'existence de l'antimatière est l'une des grandes découvertes de la science du XXe siècle. La matière existe sous deux formes. Aux particules qui constituent la matière « ordinaire » (celle dont nous sommes constitués) correspondent des particules dites d'« antimatière ». Aux électrons, correspondent les anti-électrons ou positrons ; aux quarks, les antiquarks ; aux protons, les antiprotons ; aux neutrons, les antineutrons ; etc. Avec ces composantes, on pourrait fabriquer des anti-atomes, des antimolécules et même des anti-deux-chevaux...

Particules et antiparticules sont des jumelles quasi identiques. Sauf sur un point : elles ont des charges opposées. En particulier les charges électriques. L'électron est négatif ; le positron est positif. Le proton est positif et l'antiproton est négatif. Le neutron et l'antineutron sont neutres. En quoi diffèrent-ils ? Le neutron est composé de deux quarks d (charge $-1/3$)) et d'un quark u (charge $+2/3$). L'antineutron, de deux antiquarks $\bar{d}$ ($+1/3$) et d'un antiquark $\bar{u}$ ($-2/3$). (Voir figure 2 A, p. 34.)

Particules et antiparticules ont une autre propriété : celle de pouvoir s'entre-détruire (on dit « s'annihiler »). Au moment d'une rencontre, elles disparaissent et se transforment en d'autres particules, par exemple en photons (lumière). La somme des énergies des photons engendrés dans cette réaction correspond à la somme des masses annihilées. Inversement, des photons peuvent entrer en réaction et donner naissance à des paires de particules et d'antiparticules, si leur énergie est suffisante (voir figure 2 B, p. 34).

La Première Seconde

Figure 2 A. Structure du neutron et de l'antineutron. Avec deux quarks d (charge $-1/3$) et un quark u (charge $+2/3$), on fait un neutron (charge 0) ; avec deux antiquarks $\bar{\text{d}}$ (charge $+1/3$) et un antiquark $\bar{\text{u}}$ (charge $-2/3$), on fait un antineutron (charge 0).

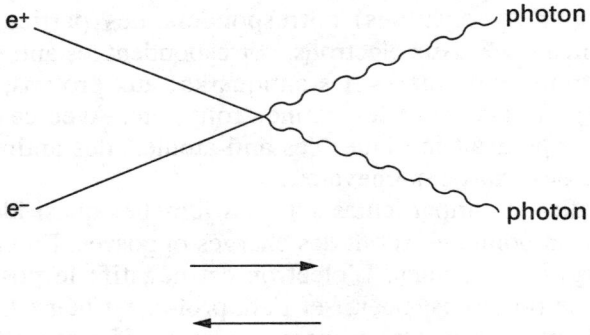

Figure 2 B. Annihilation électron-positron. Les diagrammes de Feynman (du nom du physicien Richard Feynman) nous seront bien utiles. Ici, un électron et un positron, à gauche, s'annihilent pour donner deux photons. On peut aussi lire ce diagramme de la droite vers la gauche : deux photons créent une paire d'électron-positron.

La collision de deux deux-chevaux sur l'autoroute est certes un événement terrible. Mais combien plus redoutable serait la collision d'une deux-chevaux avec une anti-deux-chevaux ! L'énergie libérée serait équivalente à deux millions de bombes d'Hiroshima[5]. De quoi exterminer la vie sur la Terre !

Où est passée l'antimatière ?

matière		antimatière
neutrinos		antineutrinos
électrons		positrons
quarks	photons	antiquarks
protons		antiprotons
neutrons		antineutrons
hélium		antihélium

Figure 2 C. Quelques particules et leurs antiparticules disposées de chaque côté du domaine des photons.

Sur la figure 2 C, on a mis à gauche un certain nombre de particules et à droite leurs antiparticules. Au centre : un territoire neutre commun où l'on trouve les photons. On dit quelquefois qu'ils sont leurs propres antiparticules.

Précisons que matière et antimatière sont strictement symétriques. Nous désignons sous le vocable peu sympathique d'« antimatière » celle qui n'est pas la nôtre. Dans un hypothétique monde d'antimatière, les antihumains auraient sans doute la convention inverse...

Si peu d'antimatière dans le cosmos...

L'antimatière n'est pas une vue de l'esprit. Dans les anneaux du CERN à Genève circulent des milliards de positrons et d'antiprotons. Il est impératif, bien sûr, de les tenir éloignés des électrons et des protons. On les enferme dans des enceintes évacuées où des champs magnétiques les gardent à l'écart des parois.

Sauf dans ces accélérateurs, ainsi que dans les faisceaux de rayons cosmiques provenant de la galaxie, l'antimatière est

La Première Seconde

inexistante sur la Terre. Existe-t-elle ailleurs ? Le Soleil serait-il fait d'antimatière ? Sa lumière ne nous en dit rien. L'atome d'antihydrogène émet les mêmes photons que l'atome d'hydrogène. Une étoile composée d'antimatière brillerait exactement comme une étoile de matière. L'analyse de la lumière solaire ne nous permet pas de déterminer si notre astre est fait de matière ou d'antimatière. Mais alors, comment le savoir ?

C'est le vent solaire qui nous apporte la réponse : le Soleil, comme nous, est composé de matière et non d'antimatière. Des bourrasques de particules s'échappent continuellement de la couronne solaire, à des vitesses de milliers de kilomètres par seconde. Frappant la haute atmosphère de notre planète, elles provoquent des aurores boréales (et australes) au-dessus des régions polaires.

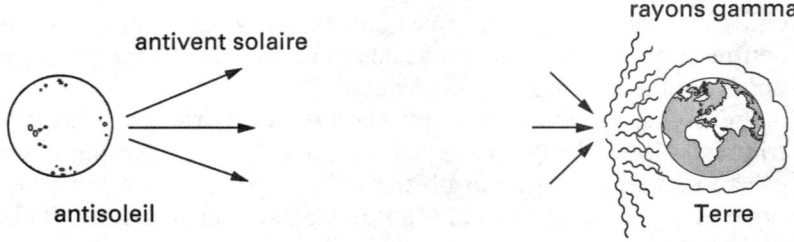

Figure 2 D. Si notre Soleil était constitué d'antimatière... les anti-atomes du vent solaire, s'annihilant sur la haute atmosphère terrestre, produiraient un intense flux de rayons gamma.

Un Soleil d'antimatière enverrait des anti-atomes dans l'espace. S'annihilant sur la stratosphère terrestre, cet « antivent » produirait un foisonnement de rayons gamma de plusieurs centaines de millions d'électronvolts. Nous serions grillés en un instant (figure 2 D). Plus exactement, la vie n'aurait jamais pu se développer sur les continents. Notre existence le prouve ; le Soleil n'est pas fait d'antimatière [6].

Où est passée l'antimatière ?

Qu'en est-il des étoiles de notre Voie lactée ? Y a-t-il des « anti-étoiles » ? L'espace interstellaire n'est pas vide. D'immenses nuages de gaz et de poussières se profilent parmi les constellations. La présence de nébuleuses d'antimatière dans le ciel créerait des plages d'annihilation et provoquerait d'intenses faisceaux de rayons gamma. Les flux détectés par nos instruments sont excessivement faibles. Ils excluent, à toutes fins pratiques, l'hypothèse d'anti-étoiles. Notre Voie lactée est un monde de matière.

Et les autres galaxies ? Par des arguments semblables, on montre que nos voisines ne sont pas des antigalaxies. Quant aux structures plus lointaines, on ne peut rien en dire avec assurance ; les flux gamma prévus échapperaient à nos détecteurs. Il n'est pas impossible, mais peu vraisemblable, que l'univers à très grande échelle manifeste des zones alternées de matière et d'antimatière. On admet généralement que tel n'est pas le cas.

Notre univers, apparemment, contient très peu d'antimatière. Entre les deux formes possibles, il a largement favorisé la matière. Pourquoi ? Que nous apprend ce choix massif sur l'histoire du cosmos ? Cette propriété de notre monde est un de nos plus riches fossiles. La réponse se cache très loin dans le passé. Il nous faudra plusieurs chapitres pour en extraire toute la substance.

« Mon équation est plus intelligente que moi »

Voici l'histoire de la découverte de l'antimatière par le physicien anglais P. A. M. Dirac. Elle illustrera, une fois de plus, l'éblouissante efficacité des mathématiques à percer les secrets du monde réel. Elle nous permettra également d'introduire une notion capitale pour la poursuite de notre roman-fleuve : le « spin* » des particules.

Tout se passe vers la fin des années vingt. Deux grandes étapes de la physique viennent d'être franchies. Depuis Galilée et Newton, les orbites des planètes et des satellites n'ont plus de secret pour les mécaniciens du ciel. Pourtant, la théorie a un point faible. Elle ne décrit correctement que le comportement des objets de faible vitesse. En 1905, Einstein énonce la théorie de la relativité dite « restreinte » (en 1915, il en présentera une version « générale »). Cette théorie, hautement performante, est adaptée à toutes les vitesses, jusqu'à celle de la lumière. En parallèle, de Broglie, Bohr, Heisenberg et Schrödinger découvrent les lois des atomes et des molécules : c'est la physique quantique.

Dirac note alors que ces deux nouveaux chapitres de la physique semblent s'ignorer. La physique quantique n'intègre pas les progrès de la relativité et *vice versa*. Les mêmes lois devraient régir aussi bien les électrons que les planètes.

Pour corriger cette situation, Dirac, en 1928, formule une équation qui combine à la fois les principes de la relativité d'Einstein et ceux de la physique quantique de Bohr. Le résultat paraît horriblement compliqué et rébarbatif. Dirac ne se laisse pas déconcerter. Il entreprend d'explorer systématiquement les conséquences de son équation. Et là, bien des surprises l'attendent…

Dirac prédit l'existence de l'antimatière

Son équation est une mine de renseignements. Dirac dira plus tard : « Elle est bien plus intelligente que moi. »

A cette époque, l'existence de l'électron est connue depuis trente ans. L'équation de Dirac lui propose un frère jumeau : l'anti-électron. Elle stipule qu'au moment d'une rencontre tous deux peuvent s'annihiler en lumière. Cette prédiction stupéfiante s'appuie sur une idée simple mais incontournable : le monde réel est « unique ». La physique atomique et la relativité d'Einstein doivent y cohabiter harmonieusement.

En 1932, le physicien américain Carl Anderson détecte, en provenance de l'espace, une paire de particules qui présente toutes les caractéristiques attendues. On y reconnaît sans difficulté un électron et un positron. Cette identification vérifie magnifique-

Où est passée l'antimatière ?

ment la prédiction de Dirac. Elle montre également que positrons et électrons sont toujours créés simultanément. Impossible de créer un positron sans créer en même temps un électron et *vice versa*.

La théorie de Dirac suggère l'existence d'autres couples de particules-antiparticules. La détection d'antiprotons en 1956 le confirme. Vers la même époque, on met en évidence l'existence d'antineutrinos, frères jumeaux des neutrinos.

Chaque fois que les accélérateurs fabriquent un antiproton, ils fabriquent en même temps un proton, et *vice versa*. Ainsi en est-il pour toutes les paires de particules engendrées par milliards afin de tester les théories de la physique moderne. En laboratoire, on observe une parfaite symétrie entre matière et antimatière. Mais le reste du monde est bien différent. La matière y prédomine de façon écrasante. Sur le plan matière-antimatière, notre univers est profondément asymétrique.

Démographie des photons

Cette asymétrie a-t-elle toujours existé ? Pour répondre à cette question, nous allons nous intéresser d'abord aux populations respectives des photons et des particules dans notre univers.

Pour compter les photons, nous nous tournons vers le rayonnement fossile. Il contient 411 millions de photons par mètre cube (*DNC*, p. 128). Les autres sources de rayonnement comptent peu.

Pour les nucléons, notre analyse de la nucléosynthèse primordiale (*DNC*, chap. 8) nous sert de guide. Il y a environ un dixième de nucléon par mètre cube. Ces nucléons sont, en vaste majorité (85 %), des protons. Les neutrons, inclus dans les noyaux atomiques, comptent pour 15 %.

Et les électrons ? Un fait va nous servir à les comptabiliser. Les astres sont neutres. Ils contiennent très exactement le même nombre de charges négatives que de charges positives. Comment le savons-nous ? Si tel n'était pas le cas, l'univers présenterait des

La Première Seconde

paysages bien différents. Une charge électrique supplémentaire, même minuscule, suffirait, par répulsion, à faire exploser une étoile. La force de gravité serait incapable d'assurer la cohésion des astres. En fait, des galaxies chargées électriquement n'auraient jamais pu se former ! Le nombre d'électrons doit être très exactement le même que le nombre de protons.

Comparons ces nombres pour obtenir notre réponse : le cosmos contemporain contient trois milliards de photons pour chaque électron ou proton.

Une première question : pourquoi ce nombre plutôt qu'un autre ? Cette question nous poursuivra pendant plusieurs chapitres.

Une deuxième question : ce nombre a-t-il toujours été le même ? Depuis la naissance des galaxies, des générations d'étoiles se sont succédé. Elles ont projeté dans l'espace de fabuleuses quantités de photons. Pourtant, cette contribution est minime ; les photons stellaires sont mille fois plus rares que les photons fossiles. Le nombre de photons n'a pratiquement pas changé depuis l'émission du rayonnement fossile.

D'autre part, pratiquement aucun électron nouveau n'est apparu depuis la nucléosynthèse primordiale à l'époque où l'univers atteignait dix milliards de degrés. Une conclusion s'impose : depuis cette période, le chiffre de trois milliards de photons par électron n'a (pratiquement) pas changé.

Ce nombre est un fossile précieux qu'il nous faut interpréter. Préparons le terrain en suivant les péripéties du couple matière-antimatière tout au long de l'histoire de l'univers.

Une hécatombe d'électrons

Revenons à ces instants de l'histoire du cosmos où la température est d'un milliard de degrés (*DNC*, p. 163). Sous nos yeux, les noyaux légers se forment à partir des protons et des neutrons de la purée primordiale. Auparavant, l'univers ne contient pas de noyaux. Protons et neutrons errent librement dans l'espace.

Où est passée l'antimatière ?

Reculons encore un peu, jusqu'à cinq milliards de degrés. L'horloge conventionnelle marque alors un peu plus d'une seconde. A cette température, le rayonnement de photons est, en fait, un rayonnement gamma. L'énergie des photons (un demi-million d'électronvolts) est comparable à la masse des électrons. Ils sont en mesure de créer des paires d'électrons-positrons. Par la suite, celles-ci s'annihilent rapidement. Créations et annihilations foisonnent. A tout instant, le nombre de paires engendrées est égal au nombre de paires détruites. Les populations sont stables (en équilibre). Pour chaque photon, on compte un électron et un positron [7]. Telle était la situation dans le cosmos avant cette première seconde.

Puis, quand le cosmos descend au-dessous de cinq milliards de degrés, les photons n'ont plus l'énergie requise pour créer de nouvelles paires. Les annihilations se poursuivent et les électrons se raréfient. Leurs pertes ne sont plus compensées. Bientôt, c'est l'hécatombe. Électrons et positrons se joignent pour une ronde suicidaire. Les photons émis sont leur chant du cygne !

Les rescapés du massacre

Si, à cette époque, le nombre d'électrons cosmiques avait été *exactement* égal au nombre de positrons, toutes ces particules auraient disparu et il n'en resterait plus aujourd'hui [8]. L'existence des atomes dans l'univers contemporain est porteuse d'un message. Avant l'hécatombe, les électrons étaient *forcément* plus nombreux que les positrons. Les particules en surnombre n'ont pas trouvé de partenaires pour s'annihiler ; elles ont échappé au massacre !

Aujourd'hui, rappelons-le, les populations relatives sont d'*un* électron et de *zéro* positron pour *trois milliards* de photons. De là on peut calculer la valeur du surnombre avant l'hécatombe : elle est minuscule ! Le bilan était alors de *trois milliards plus un* électrons pour *trois milliards* de positrons. Annihilant les trois milliards de positrons avec trois milliards d'électrons, on retrouve la situation contemporaine.

La Première Seconde

Remercions le ciel de cette infime asymétrie initiale : c'est à ces particules esseulées (une sur trois milliards !) que nous devons notre existence... Sans elles, la substance cosmique se serait transformée en une lumière qui n'aurait jamais éclairé personne.

Quel est l'effet de cette hécatombe sur la matière cosmique en expansion ? Chaque annihilation dégage, sous forme de photons, une quantité d'énergie thermique correspondant à la masse de la paire d'électrons. Cette énergie réchauffe l'univers. Plus exactement, elle en ralentit momentanément le refroidissement. Quand, par la suite, l'expansion reprend son cours normal, il ne reste plus rien des positrons qui foisonnaient auparavant dans l'univers.

Cette analyse a transformé notre interrogation. La question « pourquoi si peu d'antimatière ? » devient maintenant : « Pourquoi ce très léger surnombre de la matière sur l'antimatière aux premiers temps de l'univers ? »

Relevé de terrain

Aujourd'hui, dans notre univers froid, il y a beaucoup plus de photons que d'électrons et beaucoup plus d'électrons que de positrons. Au-dessus de cinq milliards de degrés, la situation était différente. Électrons, positrons et photons étaient alors en nombres quasi égaux, avec un tout petit surnombre d'électrons par rapport aux positrons. Par la suite, électrons et positrons se sont annihilés, sauf le surnombre qui n'a pas trouvé de partenaires. Ces rescapés du massacre se retrouvent aujourd'hui dans nos atomes et circulent dans nos fils électriques. Mais d'où provenait ce supplément ?

Où est passée l'antimatière ?

Les jeux des masses et des températures

La température cosmique contrôle la démographie du cosmos. La création des paires d'électrons-positrons nous en a donné un exemple. Il y a eu plusieurs chapitres analogues. Décrivons maintenant le phénomène dans sa généralité.

Les bons manuels de physique présentent, en fin de volume, une liste des particules, dûment répertoriées selon leurs propriétés. Les masses des particules s'échelonnent de la valeur nulle (pour les photons) jusqu'à une centaine de fois la masse du proton (pour les W^* et les Z^* de l'interaction faible) (1 MeV = 10^6 eV ; 1 GeV = 10^9 eV). (Voir figure 2 E.)

Imaginons, pour illustrer notre propos, de passer à l'envers le

Particule	Masse	Spin	Famille
photon	0	1	boson
neutrino	≈ 0	1/2	fermion
électron	0,5 MeV	1/2	fermion
quark	quelques MeV	1/2	fermion
muon	106 MeV	1/2	fermion
pion	140 MeV	0	boson
proton	938 MeV	1/2	fermion
neutron	939 MeV	1/2	fermion
Z	80 GeV	1	boson
W	91 GeV	1	boson

Figure 2 E. Tableau de plusieurs particules importantes en cosmologie avec leur masse, leur spin et leur affiliation.

43

La Première Seconde

film du Big Bang. Remontant le temps, la température augmente et, avec elle, l'énergie des photons du rayonnement lumineux. Quand cette énergie devient comparable à la masse d'une de ces particules, un important changement de régime intervient. Des paires de particules et antiparticules correspondantes existent en abondance. L'univers est peuplé de cette composante. Sa population est à peu près la même que celle des photons. Les pages qui précèdent ont illustré le cas des électrons-positrons.

Considérons maintenant le cas du muon*. Sa masse est d'environ le dixième de celle du proton, équivalant à une température d'un trillion (10^{12}) de degrés. Le muon ne dure qu'un millionième de seconde. Il se décompose en un électron accompagné de deux neutrinos. Muni de ces informations, le lecteur peut reconstituer la séquence des événements. Rappelons que, pour illustrer ce propos, nous avons choisi de remonter le cours du temps. Au-dessus d'un trillion (10^{12}) de degrés, les collisions entre les photons – ainsi que d'autres réactions – engendrent des paires de muons-antimuons. Malgré leur bref temps de vie, ces particules forment une composante du cosmos au même titre que les électrons et les neutrinos.

A plus haute température, c'est le tour des pions*, dont la masse est un tout petit peu plus élevée que celle des muons. L'âge de l'univers est alors légèrement inférieur à un millième de seconde...

Et les antiprotons ?

La masse des nucléons (10^9 eV, on dit aussi un GeV) correspond à une température de dix trillions (10^{13}) de degrés. Au début des années soixante, on supposait un chapitre analogue de création de paires nucléons-antinucléons au voisinage de cette température. Mais une donnée fondamentale de la physique allait modifier ce schéma : la découverte des quarks.

Le cosmos des premiers temps ne contient pas de protons, pas

Où est passée l'antimatière ?

de neutrons, ni de pions. Il se compose d'un vaste plasma où les quarks, les antiquarks et les gluons coexistent avec les électrons, les photons et les neutrinos.

Reprenons maintenant le cours du temps dans son sens habituel. Nous étudierons, au prochain chapitre, les événements qui ont provoqué la naissance des nucléons quand la température passe au-dessous de deux trillions de degrés environ. Les quarks se combinent alors deux par deux pour donner des pions, ou trois par trois pour former des nucléons. Nucléons et antinucléons s'annihileront par la suite dans une nouvelle hécatombe, quand la température aura suffisamment descendu.

Si, au début, les quarks et les antiquarks avaient été en nombres strictement égaux, il n'y aurait plus aujourd'hui de noyaux dans le cosmos. Comme pour les électrons, la présence des nucléons dans notre univers contemporain nous prouve que les quarks étaient antérieurement un tout petit peu plus nombreux que les antiquarks. Nous retrouvons ici l'asymétrie matière-antimatière. Les quarks en surnombre (un sur un milliard : il faut trois quarks pour faire un nucléon…) ont survécu à cette nouvelle hécatombe et constituent aujourd'hui la substance de nos noyaux atomiques.

Les électrons font semblant de tourner

L'équation de Dirac nous a fait découvrir l'existence de l'antimatière. Elle a également jeté des lumières sur une autre propriété des électrons : le « spin ». Profitons de l'occasion pour nous familiariser avec cette notion.

A l'époque de Dirac, les propriétés magnétiques de l'électron étaient déjà connues. Les physiciens se le représentaient comme une bille en rotation rapide sur elle-même. Cette rotation, ou spin d'une charge électrique, fait de l'électron l'équivalent d'un petit aimant ; il est alors sensible aux champs magnétiques.

L'équation de Dirac a montré que l'existence du spin est une conséquence nécessaire de la théorie quantique. Si cette propriété

La Première Seconde

n'avait pas déjà été connue, Dirac aurait pu en prévoir l'existence, tout comme il a prévu l'existence de l'antimatière. Mais attention ! Il faut renoncer à l'image de la charge en rotation. La physique quantique nous apprend à nous méfier de ces tentantes et simplistes analogies. Le spin n'est pas associé à une quelconque rotation de la particule sur elle-même. C'est une propriété « intrinsèque » de l'électron, comme la charge ou la masse. Pas facile à imaginer, mais on n'y peut rien ! Le spin se mesure en une unité dite « unité de Planck* ». L'électron possède une demi-unité de Planck. Dans la terminologie habituelle, on dit qu'il a un spin de « un demi », comme on dit qu'il a une charge électrique négative d'une unité.

A nouveau, fermions et bosons

La théorie quantique fixe les valeurs possibles du spin de toutes les espèces de particules élémentaires. Selon son décret, seules sont admises les valeurs entières et demi-entières (zéro, un demi, un, trois demis, deux, etc.). Aucune particule ne peut avoir un spin de 1/3, ou de 1,76, par exemple.

Les particules du cosmos se divisent en deux grands groupes : les fermions* (électrons, neutrinos et quarks) et les bosons* (photons, W, Z et gluons). Ces deux groupes se distinguent par leur rôle dans la construction du monde. Les fermions sont les « acteurs » entre lesquels les forces s'exercent. Les bosons sont les médiateurs qui transportent les forces d'un fermion à l'autre. Aux fermions, la théorie quantique assigne des spins demi-entiers (1/2, 3/2). Aux bosons sont réservés des spins entiers. Les photons en ont une unité, tandis que les gravitons* (voir chap. 10) en auraient deux.

2R. Neutrinos et antineutrinos

[piste rouge: ⚠]

L'annihilation d'une paire électron-positron ne donne pas toujours naissance à des photons. Quelquefois, mais très rarement, c'est une paire de neutrino-antineutrino qui émerge. Au-dessus de cinq milliards de degrés, ces particules s'accumulent et forment un rayonnement de neutrinos réparti uniformément dans l'univers.

D'autres neutrinos proviennent des collisions entre protons et électrons. Un neutron et un neutrino électronique peuvent résulter de cette rencontre. A des températures supérieures à dix milliards de degrés, la réaction se produit spontanément. Le neutron nouvellement engendré peut ensuite absorber un positron et se transformer en un proton et un antineutrino.

A cette époque, ces réactions foisonnent et un équilibre stable se produit, analogue à l'équilibre entre positrons et électrons. Il faut imaginer un espace bourdonnant d'une incessante activité. Les six variétés de neutrinos (neutrinos et antineutrinos de chacune des trois familles) sont également représentées. Leurs populations sont comparables à celles des photons et des électrons. La matière cosmique est alors « opaque » aux neutrinos (*DNC*, p. 162). Ces particules ne voyagent pas longtemps. Elles sont vite absorbées par les nucléons. Ces réactions, à leur tour, maintiennent en équilibre les populations respectives des protons et des neutrons. Tout « baigne » dans d'idylliques équilibres…

La Première Seconde

 Ces états de grâce sont rompus quand la température descend en dessous de dix milliards de degrés. Électrons et neutrinos ne sont plus assez énergétiques pour maintenir les populations en équilibre. L'univers devient alors « transparent » aux neutrinos. Ces particules vont maintenant errer librement dans le cosmos. Elles constituent le « rayonnement fossile de neutrinos* » qui, selon la théorie du Big Bang, hante encore l'univers et garde secrètement le souvenir de ces temps révolus.

L'asymétrie matière-antimatière que nous observons dans notre monde n'existe, en fait, que pour les électrons et les nucléons. Selon la théorie du Big Bang, elle ne s'étend pas aux neutrinos. Il y aurait, dans notre espace, autant de neutrinos que d'antineutrinos. Mais la vérification expérimentale de cette prédiction n'est pas pour demain.

C'est la très faible valeur de l'énergie des neutrinos du rayonnement fossile (environ un millième d'électronvolts) qui les rend si difficile à détecter. La détection des neutrinos solaires de quelques millions d'électronvolts est à la limite de la technologie contemporaine. Or la probabilité de capturer un neutrino augmente avec le carré de l'énergie. Il faudra donc améliorer la sensibilité des instruments d'un facteur de 10^{18} avant de pouvoir vérifier l'existence du rayonnement fossile de neutrinos prévue par la théorie du Big Bang !

Pas de rayonnement fossile d'électrons-positrons

Au-dessous de cinq milliards de degrés, les créations d'électrons diminuent rapidement. Les paires s'annihilent et disparaissent du cosmos. De même, les neutrinos ne sont plus créés mais pourtant les paires neutrinos-antineutrinos persistent jusqu'à aujourd'hui. Pourquoi ?

L'annihilation électron-positron est gouvernée par la force électromagnétique alors que l'annihilation neutrino-antineutrino est régie par la force faible. A cause de la différence d'intensité

48

Neutrinos et antineutrinos

entre ces forces, toutes les paires d'électrons subissent l'annihilation alors que la grande majorité des paires de neutrinos restent indemnes et survivent aujourd'hui dans l'univers. Résultat : il n'y a pas de rayonnement fossile d'électrons et de positrons, mais il y a, selon la théorie, un rayonnement fossile de neutrinos. Ce thème est repris au chapitre 4.

3. Le monde des quarks

L'histoire de la découverte des quarks se place dans la plus ancienne des traditions scientifiques. Elle est motivée par la quête de simplicité. L'idée fondamentale est déjà présente chez les anciens philosophes grecs. Elle s'exprime par les mots suivants : caché sous la *complexité apparente* de l'univers, il y a de l'*invisible simple*.

Nous devons la notion d'atome à Démocrite et à Lucrèce. Selon eux, ces particules incassables (c'est le sens même du mot *a-tomos*) sont les éléments fondamentaux qui composent tous les corps. Au XIXe siècle, les chimistes reprennent cette notion à leur compte. Les combinaisons d'un petit nombre d'atomes différents pourraient rendre compte de l'immense variété des substances naturelles.

Cette démarche connaît un succès fulgurant. Elle atteint son apogée avec les travaux du chimiste russe Dmitri Ivanovitch Mendeleïev. En regroupant les éléments selon leurs propriétés, il construit sa célèbre Table. Elle permet de prévoir l'existence d'atomes inconnus. On les cherche et on les trouve !

Mais la simplicité n'est pas vraiment au rendez-vous. Le nombre de variétés atomiques croît rapidement. Il dépasse la centaine. De plus, ces atomes existent en plusieurs variétés d'isotopes. Le nombre d'isotopes stables et instables de la nature s'élève à plusieurs milliers. Le rêve s'est perdu dans son propre succès. La complexité refait surface au niveau des atomes !

De surcroît, les atomes ne sont pas incassables. Ils ont une constitution interne. Pour les ausculter, le physicien britannique

Le monde des quarks

Ernest Rutherford entreprend, en 1917, de les bombarder avec des particules rapides : les « rayons alpha » émis par les atomes radioactifs. Cette expérience révèle la structure intime des atomes : un noyau central massif et minuscule, entouré d'un nuage d'électrons.

Suivant l'exemple historique de Rutherford, les physiciens entreprennent, par la suite, de sonder les noyaux eux-mêmes [9]. Ils y voient des protons et des neutrons. Ainsi le noyau de carbone est constitué de 6 protons et 6 neutrons ; le noyau de fer de 26 protons et 30 neutrons ; le noyau d'uranium-235 de 92 protons et 143 neutrons. Les milliers d'isotopes naturels se combinent à partir de trois variétés de particules ; avec ces isotopes, on fabrique l'immense variété des molécules. A nouveau, le simple transparaît sous le complexe. On a identifié, du moins le croit-on, les éléments fondamentaux de la nature. On a enfin réalisé le rêve des Grecs : « proton » en grec veut dire « premier » [10].

Cette euphorie ne dure pas longtemps. Les accélérateurs de particules révèlent l'existence d'une profusion de particules supplémentaires dont on ne sait que faire. « Qui a commandé cela ? » proteste un physicien de l'époque. Le proton et le neutron ne sont que les membres les plus légers d'une grande famille : les baryons*. Ces nouvelles particules ont une vie très brève : leurs durées se mesurent en milliardièmes de milliardième de seconde ! Mais les traces qu'elles laissent dans les détecteurs permettent d'en déterminer les masses et les propriétés (spin, charge, etc.). Les accélérateurs accèdent à des énergies toujours plus élevées et le nombre de particules nouvelles qu'ils découvrent augmente sans arrêt. Le rêve de simplicité paraît à nouveau compromis.

La découverte des quarks

Vers 1960, comme Mendeleïev un siècle auparavant, deux physiciens, Murray Gell-Mann et Yuval Neeman, regroupent ces nouvelles particules selon leurs propriétés. On peut les expliquer

La Première Seconde

si on fait l'hypothèse que ces particules sont elles-mêmes constituées d'éléments internes : les « quarks [11] ». Les différentes combinaisons de trois variétés de quarks – appelées u (pour « *up* »), d (pour « *down* ») et s (pour « *strange* ») – correspondent aux différents baryons connus et inscrits sur les listes des physiciens.

Une combinaison pourtant ne correspond à aucune particule déjà répertoriée. On la cherche et on la découvre ; elle a exactement les propriétés prévues. Grand succès de la théorie ! En parallèle, les combinaisons d'un quark et d'un antiquark permettent de reconstituer une autre nouvelle famille, celle des mésons*, frères du pion. Une fois de plus, le simple émerge du complexe.

L'hypothèse des quarks constituants des nucléons est confirmée par l'auscultation interne. Sous le bombardement des électrons, le volume des protons et des neutrons ne paraît pas homogène. Il est émaillé de « grumeaux » : les quarks !

Pourtant, on n'arrive pas à extraire les quarks des nucléons. Impossible de les détecter directement ; impossible d'en faire des faisceaux. Il n'y a pas de quarks libres, comme il y a des électrons, des photons ou des neutrinos libres. Cette difficulté jette, pour un temps, un doute sur leur existence même.

Que signifie « exister » ?

La question de l'« existence » des particules de la physique est loin d'être simple. Personne n'a jamais « vu » un électron. Les détecteurs nous présentent les effets secondaires très amplifiés de son passage. On voit la trace qu'il laisse dans une émulsion photographique. Rien de plus. De là, on déduit sa présence.

De la terrasse où j'écris ces pages, je vois le ciel. Occasionnellement, un trait blanc s'allonge dans le bleu. Je ne vois pas l'avion lui-même, mais la longue traînée des gouttelettes qu'il laisse derrière lui. Pourtant, je suis convaincu de son existence.

Le monde des quarks

Près de moi, les jumelles qui me servent à regarder les oiseaux du jardin me suffisent à vérifier ma conclusion. Je vois l'avion au bout du trait.

Tel n'est pas le cas pour l'électron. Il nous faut renoncer à le « voir » au sens où je vois l'avion... Et pourtant je crois à l'existence des électrons. Pourquoi ? En science, on jauge les notions à leur fertilité. On adopte celles qui nous permettent de comprendre ce qui semblait échapper à l'intelligibilité. Comprendre, en physique, c'est aussi pouvoir calculer et prévoir numériquement le résultat d'une expérimentation. Les concepts sont admis à l'échelle de leur rentabilité.

L'hypothèse de l'existence de l'électron rend compréhensibles de larges pans de la réalité. Le comportement des atomes, des molécules et des solides peut être prédit correctement. Pour cette raison, le physicien admet l'existence des électrons.

Et les quarks ? Faut-il croire à leur existence ? Leur dossier de crédibilité est loin d'être aussi impressionnant que celui des électrons. La science nucléaire n'a pas atteint le degré de précision de la physique atomique. Ses succès, pourtant, sont réels et les progrès encourageants. Pour cette raison, les physiciens admettent aujourd'hui l'existence des quarks, même s'ils ont perdu espoir de les isoler et de les comptabiliser individuellement.

Depuis quelques années, trois nouveaux quarks se sont ajoutés à la liste, le c (pour « *charm* »), le b (pour « *bottom* ») et tout récemment le t (pour « *top* »). Chacune de ces six variétés de quarks existe en trois « couleurs » – conventionnellement appelées bleu, vert, rouge – portant leur nombre total à dix-huit. Au chapitre 8 des *DNC*, nous avons décrit les trois familles de particules élémentaires que ces quarks forment avec les électrons, les muons, les taus* et les trois espèces de neutrinos [12].

Les quarks sont-ils de « vraies » particules élémentaires ? Ou bien sont-ils, comme les noyaux et les nucléons, constitués de particules internes ? Assagis par l'expérience, les physiciens sont devenus prudents. Personne, aujourd'hui, n'engagerait sa fortune sur l'insécabilité des quarks... Pour le savoir, il faudrait tenter de

La Première Seconde

les « casser ». Nos accélérateurs contemporains n'ont pas l'énergie requise. Il faudrait des « marteaux » plus efficaces. Une nouvelle génération d'instruments devrait nous permettre d'aborder ces questions dans les décennies à venir.

Sans attendre ces résultats, des chercheurs ont déjà élaboré des théories où les quarks sont composés de constituants internes. A cette date (1995), aucun résultat expérimental ne justifie ces nouvelles approches. Nous considérerons provisoirement les quarks, tout comme les électrons et les neutrinos, comme de véritables « particules élémentaires ».

Un fil à la patte

Entre les trois quarks d'un nucléon circule un flux de gluons qui en assurent la cohésion. Les quarks sont essentiellement grégaires. Ils ne supportent pas la solitude. Un quark doit toujours avoir un ou plusieurs collègues dans son propre voisinage. Il les veut à une distance inférieure à un dix-millionième de millionième de centimètre (10^{-13}), soit à peu près le diamètre d'un proton. Cette distance, appelée le « fermi* » en l'honneur du physicien nucléaire Enrico Fermi, joue un rôle fondamental dans toute la physique nucléaire.

D'où leur vient ce comportement grégaire ? Les quarks s'attirent les uns les autres mais d'une façon toute particulière. Loin de diminuer avec la distance, comme l'attraction Terre-Lune, la force entre deux quarks croît quand on cherche à les éloigner (*DNC*, p. 144). Tout se passe comme s'ils étaient liés par une chaîne longue d'un fermi. Cette longueur *détermine* la dimension des protons et des neutrons ainsi que celle des pions.

Le monde des quarks

Un plasma de quarks et de gluons

Comprimons par l'imagination une substance quelconque jusqu'à ce que ses noyaux atomiques se touchent. La densité atteint alors un milliard (10^9) de tonnes par centimètre cube (densité dite « nucléaire »). Poursuivons encore cette compression. Protons et neutrons s'interpénètrent. Les quarks d'un nucléon se trouvent maintenant à moins d'un fermi des quarks d'autres nucléons. Les nucléons perdent leur identité et se dissolvent en un magma de quarks et de gluons.

Comment obtenir un tel résultat en laboratoire ? La recette est simple en principe, difficile à réaliser en pratique. Il faut provoquer des collisions de noyaux lourds à grande vitesse. Plusieurs essais ont été tentés mais les résultats ne sont pas encore satisfaisants. Les énergies en jeu n'étaient probablement pas suffisantes. De nouveaux projets sont en cours et le plasma pourrait bien être réalisé prochainement.

De tels plasmas existent-ils dans la nature ? Peut-être au cœur des étoiles à neutrons. Ces astres se forment au moment de l'explosion d'une étoile massive en supernova. Une puissante implosion écrase la matière stellaire sur elle-même, avant d'en éjecter, par rebonds, les couches supérieures. Les flux de neutrinos qui ont accompagné la supernova du 23 février 1987 dans le Grand Nuage de Magellan nous montrent que des densités nucléaires ont alors été atteintes... Le cœur de l'astre résiduel pourrait bien être un gigantesque plasma de quarks et de gluons... Comment le savoir ? En étudiant les rayons X émis par l'étoile à neutrons. Des observations sont en cours.

La Première Seconde

Un plasma à l'échelle du cosmos

Au-dessus de deux trillions (2 fois 10^{12}) de degrés, la densité du cosmos est supérieure à la densité nucléaire. La distance moyenne entre les quarks est inférieure à un fermi. L'univers entier est un immense plasma de quarks et de gluons.

Pour bien comprendre la suite des événements, imaginons une soirée de danses folkloriques. Une règle stricte impose à chaque danseur de ne jamais s'isoler. Il doit toujours être en contact, par la main, avec un autre danseur. On peut changer de partenaire mais à condition d'en recontacter aussitôt un nouveau, à portée de bras.

Au début, les danseurs sont nombreux et rapprochés. Passant d'une main à l'autre, ils circulent dans toute la salle. Quand la soirée s'achève, les gens rentrent chez eux et la salle se vide progressivement. Pour ne pas enfreindre la règle, les danseurs restants sont obligés de se regrouper en petites rondes. La circulation générale est interrompue. Chaque danseur est confiné à son unité dont la dimension est environ celle du bras humain.

Un événement analogue se produit quand l'expansion éloigne les quarks au-delà de leur distance statutaire. Ils se joignent alors deux par deux pour former des pions, ou trois par trois pour constituer des nucléons. Cette transition se passe autour de deux trillions de degrés, soit quelques minutes avant la nucléosynthèse primordiale. Elle porte le nom de « transition quark-hadron ». Le mot « hadron*» désigne toutes les particules à interaction nucléaire, pions (mésons) et nucléons. A l'horloge conventionnelle, l'univers a environ vingt microsecondes.

Le monde des quarks

Gel et surfusion

La naissance des nucléons à partir des quarks présente beaucoup d'analogie avec le gel de l'eau. Dans la phase liquide, les molécules d'eau circulent librement dans leur contenant. En gelant, elles se fixent dans le réseau cristallin de la glace. Comme les quarks dans leurs nucléons, elles resteront confinées à leur lieu (voir figure 3 A).

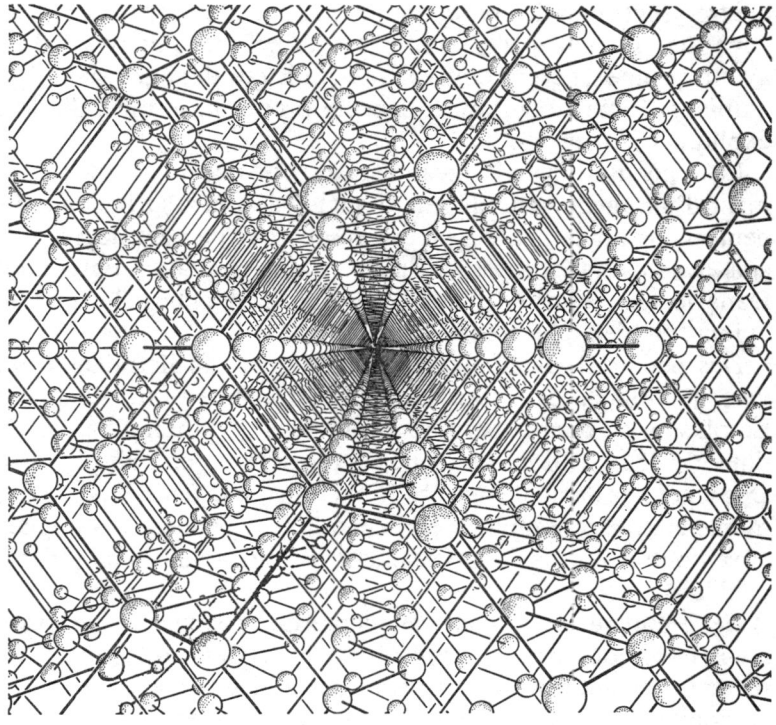

Figure 3 A. Réseau cristallin. Positions des atomes dans un solide telles que révélées par les rayons X. (D'après D. Postle, *Fabric of the Universe*, Crown Publishers Inc., New York, 1976. Document *Scientific American*.)

La Première Seconde

On appelle « surfusion* » le phénomène par lequel l'eau peut rester liquide plusieurs degrés en dessous du zéro Celsius. On y arrive en refroidissant rapidement un volume de liquide. Tôt ou tard, cependant, la glace finit par « prendre ». Un dégagement de chaleur se produit alors qui fait remonter la température au voisinage du zéro Celsius.

Pourquoi l'eau refroidie ne gèle-t-elle pas immédiatement au passage du zéro ? Envisageons d'abord le processus inverse. Pour fondre la glace, il faut extraire les molécules d'eau de leur gangue cristalline. Et, pour cela, il faut fournir de l'énergie thermique : quatre-vingts calories par gramme. Au cours du refroidissement, dans une glacière par exemple, le gel ne peut pas se produire avant qu'une énergie équivalente n'ait été dégagée dans l'air ambiant. Cette libération d'énergie prend du temps. Ce délai explique la surfusion.

La condensation de l'eau en vapeur peut s'accompagner également d'un phénomène de retard analogue à la « surfusion ». On peut maintenir la phase gazeuse en dessous de cent degrés Celsius. La liquéfaction passe d'abord par la formation de gouttes. Dans le ciel, elles forment les traînées blanches derrière les avions, ou bien elles tombent en pluie.

Des phénomènes de surfusion analogues ont lieu dans l'univers, au moment de la formation des nucléons à partir des quarks. Le plasma de quarks perdure au-dessous de la température critique de deux trillions de degrés. Le « gel » se produit plus tard. Des « gouttes de nucléons » se forment ici et là dans la purée cosmique et croissent rapidement. Bientôt, ces gouttes se rejoignent et se confondent, les quarks sont alors tous associés en pions et nucléons.

Cette transition de phase est encore mal connue. L'événement a-t-il laissé des traces supplémentaires ? Cette question a fait rêver les cosmologistes au début des années quatre-vingt. Des agglomérats de matière quarkienne nommés « pépites de quark » auraient pu en résulter. Ces objets, dont les masses pourraient atteindre celles des étoiles, seraient de bons candidats au statut de « matière sombre » ! De même, la transition aurait pu influencer

Le monde des quarks

le cours de la nucléosynthèse primordiale, quelques minutes plus tard, et engendrer une pléthore de noyaux lourds. Au regard de nos connaissances actuelles, ces spéculations ne semblent pas tenir la route. Mais le dernier mot n'est peut-être pas dit... On compte sur les résultats des expériences de laboratoire en préparation pour nous renseigner sur l'importance réelle de cette phase dans l'évolution du cosmos.

En dépit des grandes incertitudes qui règnent encore sur le statut de cette transition, j'ai tenu à y consacrer ces pages pour illustrer les méthodes de la recherche en physique et en cosmologie. Une interprétation correcte de l'impact de cette transition nécessite la contribution d'accélérateurs (pour reproduire le plasma nucléaire), d'ordinateurs (pour en étudier les propriétés) et de télescopes (pour observer ses éventuels effets astronomiques).

Une hécatombe de quarks

Avant la transition, la situation des quarks est analogue à celle des électrons, décrite au chapitre précédent. Des paires de quarks et antiquarks apparaissent et s'annihilent continuellement dans la purée cosmique. Nous pouvons calculer la population relative des quarks et des antiquarks à cette époque. Sachant qu'électrons et protons sont en nombres égaux et que chaque proton contient trois quarks, nous comptons un milliard et un quarks par milliard d'antiquarks.

La transition transforme ces quarks en nucléons et pions de matière et d'antimatière. Les pions se désintègrent rapidement. Nucléons et antinucléons s'annihilent massivement[13]. Les particules en surnombre survivent à l'hécatombe et forment les nucléons du monde actuel.

Nous retrouvons ici notre question : mais d'où provenait ce supplément ? Suite à un prochain chapitre.

La Première Seconde

Relevé de terrain

Quand la température est supérieure à deux trillions de degrés, les populations de particules sont en nombres quasi égaux, avec un tout petit supplément en faveur de la matière par rapport à l'antimatière. Les quarks se combinent en nucléons. Plus tard, nucléons et électrons s'annihilent avec leurs antiparticules respectives. Les particules en surnombre survivent et forment notre univers contemporain.

La « chaîne » des quarks

Quelques mots sur le « confinement » des quarks. Pourquoi est-il impossible de les isoler ? Pourquoi ne s'éloignent-ils jamais de leurs congénères ?

Revenons sur la notion de « portée* » des forces naturelles. La force électrique entre deux particules chargées décroît quand on les éloigne. Elle diminue avec le carré de la distance. Cet affaiblissement progressif du lien nous permet d'arracher, sans trop de difficultés, un électron de son noyau atomique (ionisation de l'atome).

Que se passe-t-il si on insiste pour séparer les deux quarks d'un pion ? La force nucléaire entre deux quarks ne diminuant pas avec la distance, un travail important devient nécessaire. Au-delà d'un fermi, l'énergie investie dans cette séparation est plus grande que la masse du pion lui-même. La suite est tout à fait étonnante. Par un tour digne du meilleur prestidigitateur, cette énergie se transforme en masse ! Deux nouveaux quarks apparaissent. Chacun s'associant à l'un des deux premiers, on a maintenant deux pions, là où on n'en avait qu'un. Et toujours pas de quark libre… (Voir figure 3 B.)

Le monde des quarks

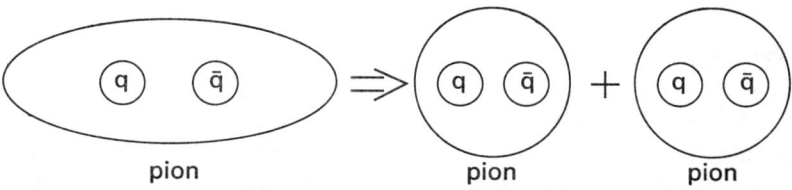

Figure 3 B. Multiplication des pions. A cause de la très grande intensité de la force nucléaire qui lie deux quarks dans un pion, l'effort pour les séparer donnerait naissance non pas à deux quarks isolés mais à la création d'un nouveau pion.

Le cas analogue du ruban élastique est éclairant. Peut-on avoir un ruban qui n'aurait qu'un seul bout ? L'étirer jusqu'à la cassure ? On a alors deux rubans, avec deux bouts chacun ! C'est-à-dire quatre bouts là où on n'en voulait qu'un.

Allons plus loin. Pourquoi la force électromagnétique permet-elle l'ionisation des atomes d'hydrogène tandis que la force nucléaire interdit la séparation des quarks ?

Tout vient d'une différence importante entre les photons – qui transportent la force électromagnétique – et les gluons – qui véhiculent la force nucléaire. Les photons sont des particules neutres. Ils n'ont pas de charge électrique. Les gluons, à l'inverse, possèdent une charge « nucléaire », tout comme les quarks. Ils sont sensibles à l'interaction qu'ils véhiculent. C'est cette sensibilité qui accroît considérablement la puissance de la force entre les quarks et leur interdit de s'éloigner.

Quelle est l'origine de cette différence de sensibilité entre gluons et photons ? Nous connaissons la réponse à cette question. Elle fait intervenir des théories des groupes dont nous parlerons bientôt. Mais son explication détaillée implique un niveau de connaissances mathématiques trop élevé pour cet ouvrage.

La Première Seconde

Symétries

Pythagore rêvait d'expliquer toute la nature en termes de nombres et d'harmoniques. Le physicien parle plutôt de « symétries[*] ». Cette notion joue un rôle fondamental dans la description de la nature [14]. Notre histoire nous amène maintenant à l'aborder. Clouons au mur un carré de carton au moyen d'une épingle fichée en son centre. Autour de cette épingle, faisons-le tourner d'un angle quelconque. Par exemple : 27 degrés. L'ensemble de toutes les rotations possibles, spécifiées chacune par la valeur de l'angle choisie, forme le « groupe d'opérations du carré autour de son axe ». Il y en a, bien sûr, un nombre infini.

Certaines de ces rotations ont une propriété spéciale : elles ne changent pas l'apparence du carré. Un quart de tour (90 degrés), un demi-tour (180 degrés), trois quarts de tour (270 degrés) ou un tour complet (360 degrés) sont des exemples. Elles restituent le carré dans son apparence initiale. Quiconque n'a pas assisté à l'opération ne peut pas deviner si le carré a été tourné ou non. On dit que l'apparence du carton est « invariante » ou « symétrique » sous ces opérations. Ces quatre opérations sont dites « de symétrie » (voir figure 3 C).

Notons que, si, au lieu d'un carré, on avait épinglé un carton circulaire, toutes les rotations possibles auraient été indiscernables. Le nombre d'opérations de symétrie aurait été infini. Le carré possède donc moins d'opérations de symétrie que le cercle. Retenons ce résultat.

Tournons notre carré plusieurs fois sur lui-même. Les rotations de 450 degrés (un tour et un quart), 540 degrés (un tour et demi), 630 degrés (un tour et trois quarts) et 720 degrés (deux tours complets) ont la même propriété de symétrie que les précédentes. Ainsi que dix, cent ou mille tours complets.

Attention, ici, nous touchons un point crucial. Supposons, par exemple, une rotation de *presque* 360 degrés. Supposons qu'elle en diffère par une quantité infime, disons un millième de degré. Il

Le monde des quarks

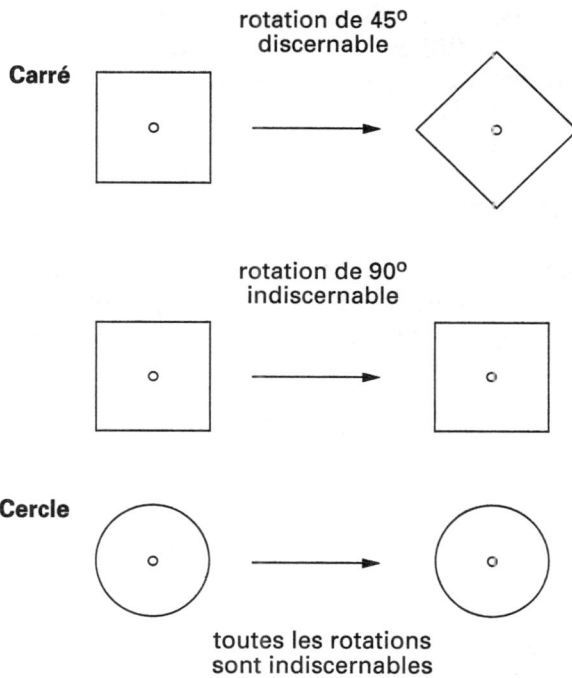

Figure 3 C. Les rotations du carré. Les rotations d'un carré autour de son centre changent son aspect, sauf si les angles de rotation sont de 90 degrés, 180 degrés, etc. Le carré est invariant ou « symétrique » par rapport à ces rotations particulières. Aucune rotation du cercle ne change son aspect. Le cercle est invariant ou symétrique par rapport à toutes les rotations.

sera difficile de découvrir à l'œil que l'opération n'est pas une opération de symétrie. Une seule rotation ne suffira pas à révéler la différence. Mais mille rotations, oui! La déviation la plus minime, amplifiée par chaque rotation, devient fatalement visible après un nombre de tours suffisant!

On l'aura compris, à ce jeu aucune approximation n'est permise. Les opérations de symétrie doivent s'effectuer avec une

La Première Seconde

précision parfaite. Ici, c'est 360 degrés « pile » qu'il faut ! Autrement, gare à la répétition des opérations. Elles finiront toujours par tout dévoiler... *Les symétries de groupe ne s'accommodent d'aucune imprécision.*

Symétries perdues

Le comportement de l'eau dans ses diverses phases va illustrer pour nous le rôle des notions de symétrie en physique. Il va nous présenter l'idée éminemment fertile de « perte de symétrie* ».

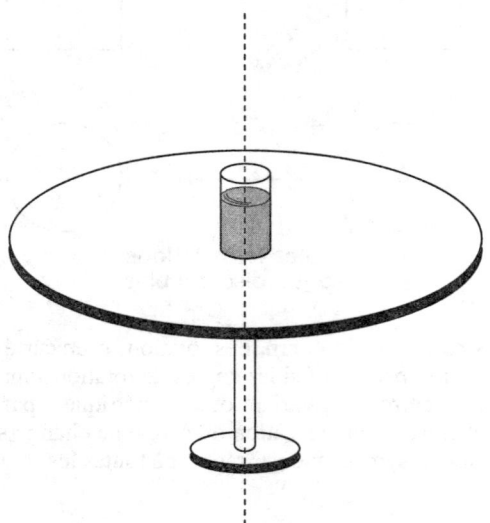

Figure 3 D. Symétrie cylindrique. Un verre cylindrique au centre d'une table tournante.

Un verre cylindrique est disposé au centre d'une table tournante (figure 3 D). On y met de l'eau et on le tourne sur lui-même d'un angle quelconque. En apparence, rien n'a changé. Rien, dans le liquide, ne distingue la position initiale de la position finale. Toutes les rotations sont « invariantes » ou « symétriques ». Comme dans le carton circulaire, il y en a un nombre infini.

Baissons la température. L'eau gèle. Les molécules se disposent en rangs serrés dans un réseau cristallin rigide (voir figure 3 A, p. 57). Les plans se coupent à angles définis. L'ensemble dessine une géométrie caractéristique. Ainsi en est-il de tous les cristaux de la nature. A nouveau, nous le faisons tourner sur lui-même. Qu'observons-nous ?

L'apparence initiale de la glace ne se retrouve que pour certains angles bien précis. Grâce à l'orientation des plans cristallins, les autres rotations seront facilement identifiables [15]. Le nombre de rotations invariantes de l'eau est passé d'une valeur infinie (comme pour le cercle) à une valeur finie (comme pour le carré).

L'état liquide est beaucoup plus « symétrique » que la glace. Le passage du liquide à la glace entraîne une « perte de symétrie » de la substance. Ce phénomène est général. On le retrouve en de nombreuses transitions de la matière. Il joue un rôle fondamental à certaines périodes de l'évolution du cosmos.

3R. La transition quark-hadron

[piste rouge: ⚠]

Diagramme de phase

Dans notre monde froid, les quarks existent sous la forme de nucléons (trois quarks). A haute densité ou à haute température, ils forment un plasma où ils circulent librement. Pour accéder à cet état, il suffit d'imposer à la matière nucléaire des conditions telles que les quarks se trouvent à moins d'un fermi de leur plus proche voisin. La figure 3R A présente les divers états de la matière nucléaire (aussi appelée matière « hadronique »). Le plasma de quarks et de gluons règne aux hautes températures et/ou aux grandes densités.

Le chapitre précédent nous a habitués au jeu des masses et des températures. Remontons le temps vers les hautes températures initiales. Quand la température atteint l'équivalent de la masse d'une particule, l'espace se peuple de paires de ces particules et de leurs antiparticules. Leur nombre croît avec la troisième puissance de la température (*DNC*, p. 109). Toujours à rebours du temps, on rencontre d'abord les muons (106 MeV) puis les pions (140 MeV). Ces pions, dont le rayon est d'environ un fermi, occupent alors une fraction toujours plus grande de l'espace cosmique. Question cruciale : à quelle température sont-ils suffisamment nombreux pour se toucher ? Réponse[16] : environ 150 MeV.

Un modèle phénoménologique permet une description qualita-

La transition quark-hadron

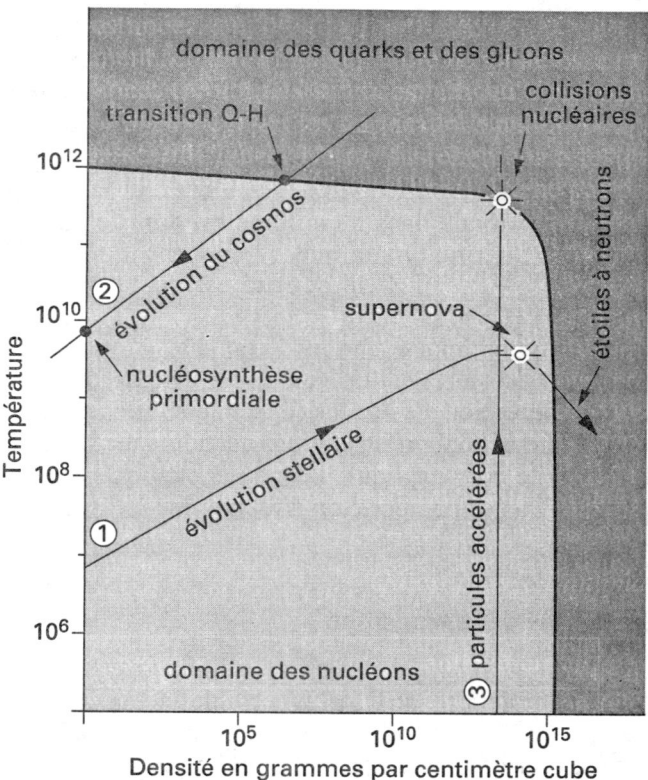

Figure 3R A. Diagramme de phase de la matière nucléaire en fonction de la densité et de la température. La courbe 1 indique le parcours d'un cœur stellaire en évolution jusqu'à la formation d'une étoile à neutrons. La courbe 2 décrit le parcours de la matière cosmique en expansion. La courbe 3 représente le parcours des particules dans un accélérateur.

tive de la transition quark-hadron quand la température descend en dessous de cette valeur critique. On suppose l'existence, à haute température, d'une substance repartie de façon homogène, de densité d'énergie ρ_q et de pression P_q constantes. Cette densité

67

La Première Seconde

 d'énergie, approximativement égale à la quatrième puissance de la température critique, domine l'expansion du cosmos quand la matière atteint cette température. Elle se transformera en chaleur au moment de la formation des hadrons. On peut l'assimiler à une énergie de liaison des quarks dans ces particules.

L'équation d'état de cette substance s'obtient de la façon suivante. L'énergie totale dans un volume est donnée par $U_q = \rho_q V$. Les relations thermodynamiques imposent que $dU_q = \rho_q dV + V d\rho_q = -dW = -P_q dV$. Si la densité est constante, on a $dU_q = \rho_q dV$ et donc $P_q = -\rho_q$.

Nous retrouvons ici l'équation d'état dite « quantique » dont l'effet sur l'expansion de l'univers a été discuté dans les *DNC* (p. 113). Cette équation d'état décrit également le comportement des champs scalaires [17] dont nous parlerons abondamment. La substance fictive introduite pour expliquer phénoménologiquement la transition quark-hadron se comporte en effet comme un champ scalaire.

Modèle simple de la transition

On peut comprendre certains aspects de la transition avec un modèle simple. On suppose que toutes les particules sont de masse nulle et sans interaction. Deux éléments dominent alors le comportement de la transition : 1) le changement de démographie ; 2) la densité d'énergie associée.

Au-dessus de la température critique, l'univers est peuplé de quarks et de gluons. La densité d'énergie et la pression sont proportionnelles à la quatrième puissance de la température. Les coefficients reflètent la démographie du cosmos à cette période (*DNC*, p. 107). Il faut également tenir compte de l'énergie et de la pression (avec leur signe algébrique) du champ scalaire, responsable de la transition.

(1) $$\rho = 37 \frac{\pi^2}{30} T^4 + \rho_q$$

La transition quark-hadron

(2) $$P = \frac{37}{3} \frac{\pi^2}{30} T^4 - P_q.$$

Le facteur 37 se détaille de la façon suivante. Les quarks existent en trois couleurs, deux spins et deux saveurs* (on ne considère ici que les u et les d). De même pour les antiquarks. Il faut multiplier le tout par 7/8 résultant de la forme de l'intégrale de Fermi-Dirac. Soit un total de 21 pour les quarks. Il y a huit variétés de gluons, obéissant à la statistique de Bose-Einstein, de deux spins chacun, soit 16. Et $16 + 21 = 37$.

La phase à basse température contient les trois variétés de pions :

(3) $$\rho = \frac{\pi^2}{30} 3 T^4$$

(4) $$P = \rho/3 = \frac{\pi^2}{30} T^4.$$

Sur la figure 3R Ba (p. 70), les pressions des deux phases sont représentées en fonction de la température. Selon la thermodynamique, la phase qui s'instaure est celle qui a la plus haute pression. La transition a lieu à la température critique ou les deux pressions sont égales. Numériquement, on obtient : $T_c = 0{,}72 \rho_q^{1/4}$.

La figure 3R Bb présente les densités d'énergie dans les mêmes unités. A la température critique, la différence d'énergie entre les deux phases est de $\Delta E = 4 \rho_q$. Pour passer de l'état plasma à l'état pion, cette énergie doit être libérée. D'où le retard et la période de surfusion.

Ce décalage se retrouve dans la densité d'entropie (figure 3R Bc) proportionnelle au nombre de particules relativistes et donc à T^3. Pour le plasma, on a, dans les mêmes unités, $s = 37(4/3) \, (\pi^2/30) T^3$ et pour les pions $s = 3(4/3) \, (\pi^2/30) T^3$. Le saut d'entropie à la température critique signale la présence d'une transition de premier ordre avec surfusion.

Ce modèle simple montre que, dans la phase à basse température, la diminution du nombre de degrés de liberté du système est effectivement contrebalancée par la densité d'énergie nécessaire

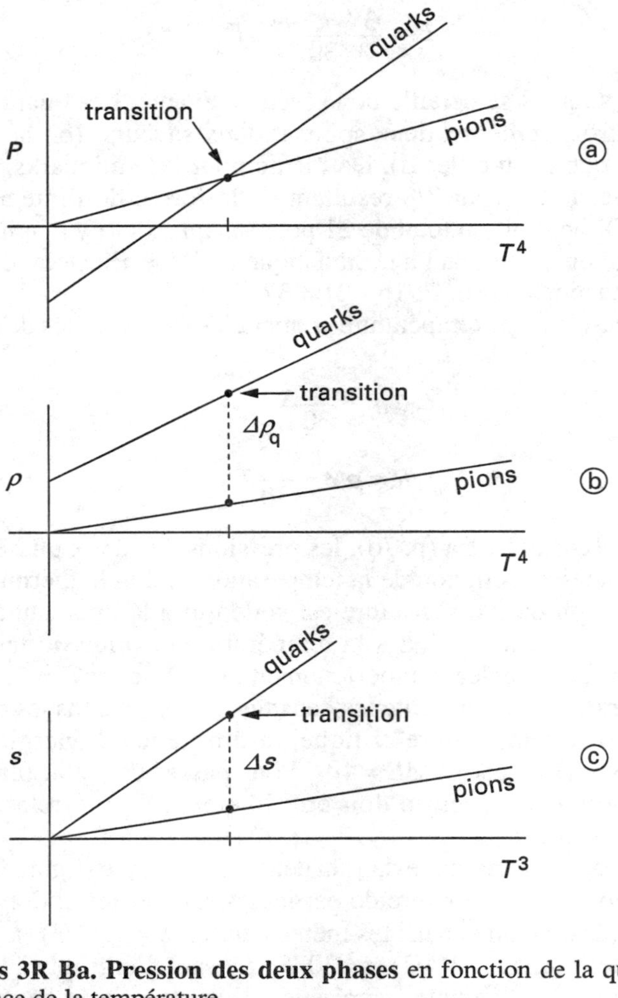

Figures 3R Ba. Pression des deux phases en fonction de la quatrième puissance de la température.
3R Bb. Densité d'énergie des deux phases en fonction de la quatrième puissance de la température.
3R Bc. Densité d'entropie des deux phases en fonction de la troisième puissance de la température.

La transition quark-hadron

pour libérer les quarks. La transition a lieu quand les deux effets se compensent.

La réalité est naturellement autrement complexe et difficile à calculer. Il semble que la transition soit effectivement de premier ordre, mais avec une différence d'entropie beaucoup plus faible que celle de ce modèle simple.

4. Unifications des forces

Trouver le « simple » caché derrière le « complexe » apparent, tel est le rêve de la science. Au chapitre précédent, nous avons parlé des particules ; ici, nous regardons les forces de la nature. L'histoire de la physique peut se raconter sous l'angle des projets d'unification des forces. En voici quelques chapitres marquants.

Selon Aristote et ses successeurs, le monde terrestre (sublunaire) et le monde céleste (supralunaire) sont soumis à des régimes différents. Au XVIIe siècle, Newton montre que la force de gravité s'étend à tout l'espace ; elle fait tomber les pommes et retient la Terre autour du Soleil.

Au début du siècle dernier, on attribue l'attraction des sphères chargées à la force électrique et l'orientation des boussoles à la force magnétique. Plus tard, les travaux de Biot, Ampère, Maxwell, etc. montrent que tous ces phénomènes sont régis par une seule et même interaction, nommée « électromagnétique ». Ces deux forces que l'on croyait différentes sont, en fait, des manifestations de cette unique interaction.

En 1915, la théorie de la relativité générale d'Einstein « unifie » la force de gravité et les forces inertielles (par exemple, la force centrifuge). Ce sont, chacune à sa façon, des manifestations des propriétés de l'espace-temps.

Unifications des forces

Unification électrofaible

Au cours des années soixante-dix, ce programme d'unification rencontre un nouveau succès. On parvient à relier la force électromagnétique et la force faible.

Comment peut-on imaginer unifier deux forces aussi dissemblables ? Elles diffèrent autant par leur intensité que par leur portée. La force électromagnétique se fait sentir à grande distance ; la force faible ne s'étend pas au-delà des dimensions des noyaux atomiques. Leurs particules d'échange sont fort différentes. Le photon, vecteur de la force électromagnétique, a une masse nulle. La force faible est transportée par les particules W et Z cent fois plus massives que les nucléons (*DNC*, p. 144).

Ici, un point fondamental : la masse de la particule d'échange d'une force détermine sa portée. Plus elle est élevée, plus la portée est courte. Et plus il est difficile de propager à distance l'influence dont la force est responsable. Le léger photon porte très loin l'effet de la force électromagnétique. Les lourds W et Z sont bien incapables d'en faire autant pour la force faible

Donnons un exemple concret. La force faible est responsable (en particulier) de la désintégration du neutron. Cette transformation implique la désintégration interne d'un quark u en un quark d. Pour cela, il faut créer un W. Mais où trouver l'énergie correspondant à sa lourde masse ? (Voir figures 4 Aa et 4 Ab, p. 74.)

La physique quantique propose une solution. On peut « créer » de l'énergie pendant un court instant. La nature permet de tels « emprunts ». Mais elle en contrôle la durée. Plus l'emprunt est important, plus il doit être bref. Pour la force électromagnétique, créer un photon ne pose pas de problème : sa masse est nulle. L'emprunt peut durer longtemps et le photon se propager très loin. Mais la grande masse des particules de la force faible limite considérablement la durée de l'emprunt. Pendant le temps qui lui est alloué, le W ou le Z ne peut guère parcourir plus d'un millième du

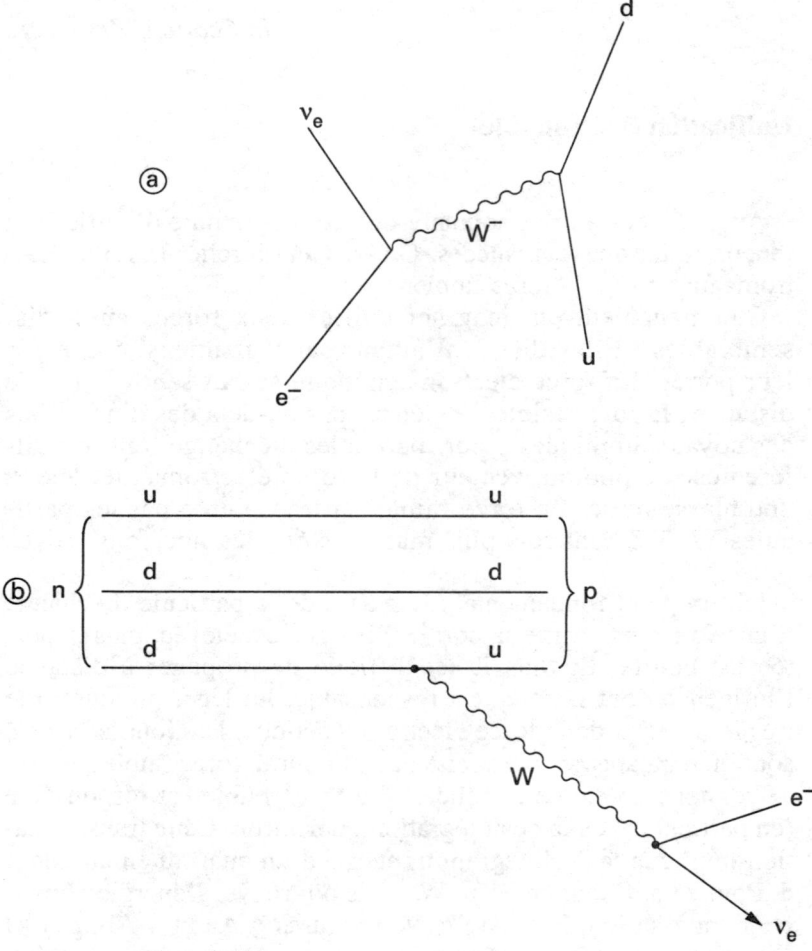

Figures 4 Aa. Interaction faible. La figure illustre le mode de fonctionnement de l'interaction faible. Le temps va de bas en haut. Un électron en bas à gauche émet un W et se transforme en un neutrino. Le W rencontre un quark u venant de la droite et se transforme en un quark d.
4 Ab. Désintégration d'un neutron en termes de ces mêmes processus. Le temps va de gauche à droite. Un des quarks d du neutron émet un W et se transforme en un quark u. Le neutron est devenu un proton. Le W se désintègre en un électron et un neutrino électronique.

Unifications des forces

rayon du neutron. Voilà toute la différence ! Si le Z et le W avaient, comme le photon, une masse nulle, la force faible aurait la même longue portée que la force électromagnétique.

Une prédiction réussie

Vers les années soixante, plusieurs physiciens – Steven Weinberg, Abdus Salam, Sheldon Glashow – présentent une hypothèse audacieuse. La force faible et la force électromagnétique, en apparence si différentes, seraient en fait intimement reliées. La « faiblesse » de la force faible proviendrait simplement de la masse de sa particule d'échange. Selon leurs estimations, cette masse devrait être à peu près cent fois celle du proton. Des expériences appropriées sont mises en chantier au CERN en 1972. On bombarde des électrons sur des positrons. Augmentant progressivement l'énergie, on voit apparaître, vers 91 GeV, les particules Z responsables de l'interaction des neutrinos (*DNC*, p. 190). Plus tard, on produit, d'une façon analogue, les particules W qui accompagnent la transformation des quarks u en quarks d (et *vice versa*) mais aussi celle des électrons en neutrinos (et *vice versa*) ! Ces détections confirment magnifiquement l'hypothèse des théoriciens [18]. Elles montrent l'existence de la force électrofaible qui combine la force faible et la force électromagnétique.

A l'aune de la plupart des particules de la physique, le neutron a une vie très longue (vingt minutes !). Cette propriété lui vient de la faiblesse de l'interaction faible, et donc en définitive de la grande masse du W. Si cette masse était encore dix fois plus grande, le neutron durerait plus de trois mois...

Ce phénomène est également responsable de la longévité du Soleil (dix milliards d'années). Si la masse du W était seulement dix fois plus petite, notre astre aurait déjà depuis longtemps épuisé ses réserves nucléaires. Il serait mort bien avant l'apparition des mammifères ! On trouve souvent des relations fascinantes entre les propriétés des particules et notre réalité quotidienne...

La Première Seconde

Symétrie électrofaible

Ces expériences historiques ont confirmé la thèse de l'unification électrofaible*. La force faible, véhiculée par les particules Z et W, et la force électromagnétique, véhiculée par les photons, sont intimement reliées. Les conséquences sont considérables aussi bien en physique qu'en astrophysique. La cosmologie ne sera plus jamais la même.

Dans notre monde « froid », les électrons et les neutrinos sont, de toute évidence, des particules aux comportements fort différents. Le neutrino, sensible à la force faible, mais non à la force électromagnétique, interagit extrêmement peu avec la matière. Il faut des milliers de tonnes de détecteurs liquides pour l'intercepter. L'électron, sensible à la force électromagnétique (et aussi à la force faible), se manifeste beaucoup plus facilement à notre attention. Mettez seulement le doigt dans une prise électrique ! Répétons-le : ce sont les masses respectives des photons, d'une part, et des W, Z, d'autre part, qui expliquent ces différences de comportement.

Mais, dans le passé chaud, il en allait tout autrement. Quand la température dépassait le million de milliards de degrés (10^{15} K), l'énergie des particules cosmiques était comparable à celle de nos plus grands accélérateurs. Comme dans les anneaux du CERN, les paires particules-antiparticules se formaient et s'annihilaient joyeusement. La soupe cosmique contenait alors autant de W et de Z que de photons, d'électrons et de neutrinos. Aucun emprunt d'énergie n'était nécessaire pour émettre une de ces particules et transformer, par exemple, un quark d en un quark u, ou un électron en un neutrino. En conséquence, les deux interactions se confondaient en une seule : l'interaction électrofaible. Électrons et neutrinos s'y comportaient comme des frères jumeaux. Ainsi en était-il des quarks u et des quarks d.

Un point important mais difficile à expliciter au niveau de ce texte : selon la théorie, toutes ces particules – électrons, neutrinos et quarks –, ainsi que les W et les Z, étaient alors de masse nulle.

Un épisode d'inflation électrofaible

Rappelons quelques notions de symétrie. Les résultats des rotations de 90, 180, 270, 360 degrés du carré sont indiscernables. L'aspect du carré est *invariant* ou *symétrique* par rapport à ces opérations. De même, dans la soupe cosmique à haute température, électrons et neutrinos se transforment continuellement les uns dans les autres. Il en est également ainsi des quarks u et des quarks d. Ces transformations sont des « opérations de symétries électrofaibles » (figure 4 B).

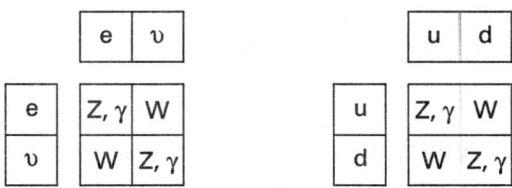

Figure 4 B. Tableau des transformations de la symétrie électrofaible. Le carré décrit les particules (W, Z et photons) qui accompagnent les transitions entre les fermions inscrits sur les côtés. Exemple : un électron se transforme en un neutrino (et *vice versa*) par l'émission d'un W. Un neutrino peut émettre un Z ou un photon et se transformer en lui-même. Un électron peut émettre soit un Z soit un photon et se transformer en lui-même. Le schéma est le même pour les quarks u et d.

Cet état prend fin au moment où la température descend au-dessous de mille trillions de degrés (10^{15} K). Une « transition de phase » se produit qui entraîne la « brisure » de la symétrie électrofaible. Par la suite, les comportements des forces divergent. La faible « faiblit » de plus en plus et devient l'interaction discrète que nous connaissons aujourd'hui. Une autre conséquence : les différentes particules (électrons, neutrinos, quarks, W et Z) « acquièrent » à cet instant les masses observées au laboratoire[19].

La Première Seconde

Comme le gel de l'eau, la transition électrofaible passe par une phase de surfusion. Ces événements seront décrits au prochain chapitre, ainsi que leur influence sur l'évolution du cosmos.

Au-delà de la portée des accélérateurs

Reprenons notre bâton de pèlerin et poursuivons notre route vers le passé torride du cosmos. Nous quittons maintenant les sentiers bien balisés pour nous aventurer dans des régions hasardeuses.

L'interprétation du rayonnement fossile a fait intervenir une physique atomique que nous maîtrisons parfaitement. L'étude de la nucléosynthèse primordiale implique des énergies de quelques millions d'électronvolts, accessibles aux accélérateurs même modestes. La physique des noyaux atomiques – moins bien connue que celle des atomes – ne pose cependant plus de problèmes insolubles. A plus haute énergie, l'unification électrofaible est déjà largement explorée et confirmée en laboratoire.

Les accélérateurs les plus puissants de la planète – au CERN à Genève, au Fermilab à Chicago et au SLAC à San Francisco – atteignent le trillion (10^{12}) d'électronvolts, équivalant à une température de 10^{16} degrés. Les physiciens du CERN ont annoncé la mise en chantier d'un accélérateur plus puissant encore, le LHC (Large Hadron Collider). Il devrait atteindre, dans une dizaine d'années, l'énergie record de quatorze trillions d'électronvolts. Au-delà de cette valeur, depuis l'annulation du projet américain SSC (Superconducting Super Collider), rien, pour l'instant, n'est annoncé.

Les chapitres que nous abordons maintenant se situent à des températures bien supérieures encore. Pour élucider les mystères du cosmos, il faudrait multiplier les énergies de nos instruments par des facteurs de trillions. Combien de siècles faudra-t-il attendre la réalisation de tels faisceaux, en laboratoire ou en orbite planétaire ?

Unifications des forces

Devons-nous, pour autant, abandonner tout espoir d'explorer ces phases très anciennes du cosmos ? Pas nécessairement. Des méthodes indirectes nous sont accessibles. Elles permettent d'étudier ces phénomènes, sans les reproduire. Mais il y a un prix à payer. La crédibilité des conclusions en sera largement affaiblie. N'espérons pas atteindre ici le degré de fiabilité des chapitres précédents. Sur les cartes de nos explorateurs, entre les régions connues et la *terra incognita*, se situent des zones de pénombre où sévissent incertitudes et rumeurs. La « pénombre cosmique » dans laquelle nous pénétrons maintenant nous invite à la plus grande prudence.

Les étapes vers la « grande unification »

Trois fossiles vont nous donner accès à une époque plus reculée encore. Deux d'entre eux nous sont déjà familiers.

Au chapitre précédent, nous avons évalué la population relative des photons et des nucléons. Il y a dans l'univers, en moyenne, à peu près trois milliards de photons pour chaque nucléon, soit un milliard de photons par quark. Ce nombre est notre premier fossile.

Notre deuxième fossile porte sur la rareté de l'antimatière dans l'univers. Nous avons suivi les péripéties du couple matière-antimatière (chap. 2). Elles nous ont amenés à nous interroger sur l'origine du faible surnombre des particules sur les antiparticules à haute température. Surnombre qui, après les hécatombes, allait donner à la matière son écrasante majorité contemporaine sur l'antimatière.

Le troisième fossile concerne les charges électriques des protons et des électrons. Mesurées en laboratoire, ces charges paraissent strictement égales en valeurs absolues (mais de signes contraires). La différence, si elle existe, est inférieure à une partie dans 10^{19} ! Une telle précision, rare en physique, est symptomatique. Les physiciens pressentent là l'influence sous-jacente d'un groupe de symétrie. Les rotations du carré l'ont illustré pour nous ; les groupes ne tolèrent pas la moindre approximation. Ils ne se nourrissent que d'exactitudes. Mais comment un groupe pourrait-il imposer l'exacte égalité de ces charges ? Quelle pourrait être la nature de cette symétrie et des opérations qu'elle rassemble ?

Laissons-nous inspirer par l'unification électrofaible. L'électron et le neutrino s'y transforment l'un dans l'autre.

Les électrons, muons, taus ainsi que les trois sortes de neutrinos forment la famille des leptons*. Supposons – audacieuse hypothèse ! – que tous les leptons *et* les quarks soient reliés par une même symétrie. Qu'ils fassent tous partie d'un autre groupe, plus large encore que celui de l'unification électrofaible. L'électron et le neutrino pourraient se transformer en quarks et *vice versa* ! Rappelons que, dans le cas de l'union électrofaible, les électrons ne se transformaient qu'en neutrinos (et *vice versa*) tandis que les quarks u ne se transformaient qu'en quarks d (et *vice versa*).

Mais la réalité est fort différente ! Dans notre monde, les quarks ne ressemblent pas aux électrons. Ils répondent à la force nucléaire à laquelle les électrons ne sont pas sensibles. Comment pourraient-ils appartenir à un même groupe ?

L'exemple de l'unification électrofaible nous vient encore en aide. Elle suggère une idée : et si, à des températures suffisamment élevées, les forces nucléaire et électrofaible s'unissaient pour n'en faire qu'une ?

Des constantes de couplage qui convergent

Pure spéculation ? Pourtant, une autre série de mesures nous mène tout naturellement à cette hypothèse. Pour les décrire, résumons d'abord nos connaissances sur les intensités (constantes de couplage*) des forces de la nature.

La constante de couplage de la force électromagnétique est numériquement de 1/137, soit environ sept millièmes. La « faiblesse » de la force faible – à peu près un cent-millième – pro-

Unifications des forces

vient non pas de sa constante de couplage, mais de sa courte portée. A haute énergie, ces deux forces ont des intensités et portées semblables. Ce fait est à la base de l'unification électrofaible. La force nucléaire est environ cent fois plus forte que la force électromagnétique. Sa constante de couplage est voisine de l'unité.

Ces constantes de couplage ont-elles toujours eu ces valeurs ? Ou bien ont-elles changé au cours du temps ? La nucléosynthèse primordiale (*DNC*, p. 170) nous a fourni, sur ce point, un renseignement précieux : entre le moment de la naissance des noyaux d'hélium – à dix milliards de degrés – et aujourd'hui, elles n'ont pas changé d'un iota. Mais cette même théorie ne nous dit rien sur les temps plus anciens.

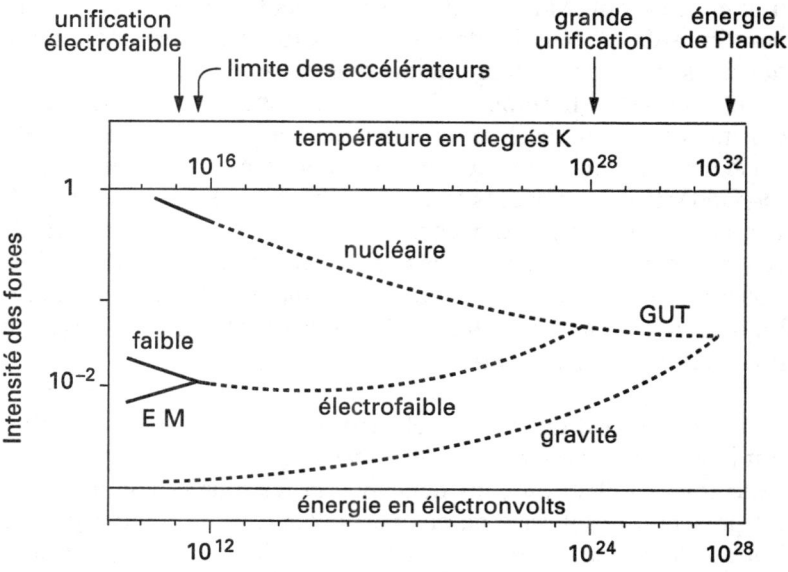

Figure 4 C. Variation des constantes de couplage des forces de la physique. A haute température, la constante de la force électromagnétique augmente tandis que celle de la force nucléaire diminue. Aux environs de 10^{28} K, elles semblent se rejoindre. D'où l'idée de la grande unification. La jonction avec la gravité ne se ferait qu'à la température de Planck (10^{32} K).

La Première Seconde

C'est aux accélérateurs que nous adressons maintenant la question. La réponse est claire et surprenante (figure 4 C, p. 81). L'étude des collisions de particules en laboratoire montre qu'au-delà d'une certaine énergie ces « constantes » ne le sont plus... Elles changent progressivement. Et d'une façon tout à fait remarquable. La force électromagnétique se fortifie tandis que la force nucléaire s'affaiblit. A cent milliards d'électronvolts, la constante électromagnétique a augmenté de 30 % tandis que l'intensité nucléaire a diminué de 80 % ! Ainsi en était-il dans la soupe primordiale quand la température était de 10^{15} K. La conclusion s'impose : dans le passé lointain de l'univers, les constantes de couplage étaient différentes.

La puissance limitée de nos accélérateurs ne nous permet pas d'aller plus loin. Mais certains arguments théoriques nous viennent en aide. A plus haute énergie, la force électromagnétique devrait s'intensifier encore tandis que la force nucléaire poursuivrait son affaiblissement. Les valeurs numériques de leurs constantes de couplage se rejoindraient aux environs de 10^{24} eV.

En conséquence, dans une matière portée à la température correspondante de 10^{28} K, les trois forces auraient la même intensité. Il n'en faut pas plus pour accréditer l'idée d'une unification de ces trois forces ! Les physiciens parlent alors de « grande unification » (en anglais GUT : *grand unified theory*). Ce terme grandiloquent n'est pas vraiment justifié puisque la force de gravité n'est pas encore de la partie.

A l'image de l'unification électrofaible, la grande unification fait intervenir les opérations de symétrie d'un groupe, impliquant cette fois les électrons, les neutrinos *et* les quarks (figure 4 D). La présence simultanée de ces particules dans un même groupe impose la stricte égalité des charges de l'électron et du proton (composé de trois quarks) ! Rappelons à ce sujet les opérations de symétrie du carré. Pour que les rotations soient indiscernables, il faut que les angles soient très exactement des multiples de 90 degrés.

Résumons-nous. Deux éléments d'observation nous ont ame-

Unifications des forces

	u	d	e	υ
u	Z, γ	W	X, Y	X, Y
d	W	Z, γ	X, Y	X, Y
e	X, Y	X, Y	Z, γ	W
υ	X, Y	X, Y	W	Z, γ

Figure 4 D. Tableau des transformations de grande unification. Le carré central décrit les particules qui accompagnent les transformations. Les X et les Y permettent aux quarks de se transformer en électrons et neutrinos et *vice versa*.

nés à l'idée d'une « grande unification » des forces nucléaire et électrofaible. D'abord, l'égalité des charges. Elle nous a fait soupçonner l'intervention d'un groupe de symétrie impliquant la transformation de ces particules les unes dans les autres. Ensuite, la variation des constantes de couplage de ces forces avec l'énergie. Elle nous permet d'estimer la température requise pour cette unification : environ 10^{28} K (10^{24} eV).

Nous sommes maintenant bien au-delà des plus hautes énergies atteintes en laboratoire (seulement 10^{12} eV !). Les connaissances obtenues demeurent naturellement précaires et incertaines. La suite des événements va nous en donner une bonne illustration.

La matière est-elle pourrie ?

Au début de son film *Annie Hall*, Woody Allen sort, écœuré, d'une conférence sur la physique moderne. « C'est un comble, dit-il, même la matière est pourrie ! » La transformation des quarks en électrons serait effectivement lourde de conséquences. Elle impliquerait que les protons ne sont pas stables. Quand les

La Première Seconde

quarks d'un proton se transforment, le proton disparaît (figure 4 E). Tous les atomes seraient ainsi menacés. Après ces désintégrations, les photons, les électrons et les neutrinos deviendraient les seuls constituants du cosmos. Mais dans combien de temps ?

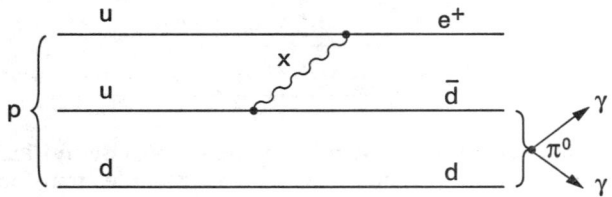

Figure 4 E. Désintégration du proton. Un quark u d'un proton émet une particule X et se transforme en un antiquark d. Ce dernier se joint au quark d du proton pour donner un pion neutre qui se transforme en photons. Entre-temps, le X s'est joint à l'autre quark u pour donner un positron. Résultat net : un proton s'est désintégré en un positron et deux photons.

Sur cette question, notre propre existence est porteuse de renseignements. Cette désintégration des nucléons, si elle se produit, est forcément *très lente*. Nous possédons des météorites de plusieurs milliards d'années. De surcroît, si le temps de désintégration était nettement inférieur à 10^{21} ans, plusieurs protons de notre corps se désintégreraient à chaque seconde [20]. « Nous le sentirions dans nos os », disait le physicien américain Murray Goldhaber. On calcule que, si la durée de vie du proton était inférieure à 10^{29} années, on en aurait déjà observé les effets en laboratoire. Comment expliquer une durée aussi extraordinairement longue ?

Le cas du neutron va nous éclairer. Sa désintégration implique, nous l'avons vu, la création d'un W. La faiblesse de l'interaction faible – dont la grande masse du W est responsable – permet au neutron de durer vingt minutes. Une masse plus grande du W lui donnerait une durée plus longue encore.

Supposons maintenant que la force de grande unification soit transportée par une particule nouvelle encore plus massive. Le principe d'indétermination de Werner Heisenberg nous assure

Unifications des forces

que la création de ces particules sera encore plus rare et la durée de vie du proton encore plus longue. Quelle devrait être la masse d'une particule capable d'assurer au proton une existence de 10^{29} ans et plus ? Réponse : au moins 10^{24} eV. Cette masse correspond tout à fait à l'énergie où les constantes de couplage se rencontrent. Cette « coïncidence » cadre bien avec la thèse de la grande unification !

Les protons ne jouent pas le jeu

Sur le modèle électrofaible, une théorie de grande unification voit le jour au début des années quatre-vingt. On suppose l'existence de particules d'échange extrêmement massives responsables de l'unification des forces électrofaible et nucléaire. Il y en a deux : le X^* et Y^* dont les masses sont d'environ 10^{24} eV. L'équivalent de la masse d'un virus... La théorie prévoit la désintégration du proton au bout d'une durée moyenne de 10^{29} années. Cette durée est suffisamment longue pour assurer la présence d'atomes dans notre univers contemporain, mais assez brève pour se prêter à des mesures de laboratoire.

Dans une belle euphorie de compétition internationale, quatre ou cinq laboratoires sont mis en chantier. Quelques protons pris en « flagrant délit de désintégration » suffiraient à confirmer les prédictions de la théorie. Plusieurs mois se passent. Rien, rien, toujours rien. Les protons ne jouent pas le jeu[21].

Faut-il rejeter la théorie ? Pas nécessairement. Mais il faut sérieusement l'amender. Ces résultats négatifs n'impliquent pas la stabilité absolue du proton. Seulement que sa durée de vie n'est pas celle prévue par la théorie. Elle dépasse certainement 10^{31} ans.

Les premiers chapitres des *DNC* ont monté en épingle l'importance des prédictions confirmées par l'expérience. Elles apportent un appui considérable à la crédibilité de la théorie. Ici, nous avons un contre-exemple : l'expérience n'a pas répondu aux attentes.

Ce n'est pas le Big Bang qui est en cause ici. Ni l'ensemble de

La Première Seconde

la physique des particules. Seulement une formulation particulière de la théorie de la grande unification. D'autres formulations assignent au proton des vies plus longues. Si longues qu'il ne nous est pas possible de les mesurer avec la technologie présente.

En bref, l'idée d'une grande unification est à retenir mais sa formulation est encore dans les limbes.

L'origine de la matière

En 1967, le physicien russe Andreï Sakharov – bien connu pour ses démêlés avec l'administration soviétique – propose un scénario pour expliquer l'asymétrie matière-antimatière.

Aux températures supérieures à 10^{28} K (10^{24} eV) l'univers est, selon son scénario, peuplé d'un nombre *strictement égal* de particules et d'antiparticules. Les forces nucléaire et électrofaible sont alors « unifiées ». A l'horloge conventionnelle, l'âge de l'univers est de 10^{-35} seconde... Les photons engendrent des foisonnements de X et Y. Quarks, électrons et neutrinos se transforment continuellement les uns dans les autres, selon la figure 4 D (p. 83). Le cosmos est dans un double état de symétrie de grande unification et de symétrie matière-antimatière.

Par la suite, la diminution de la température entraîne la disparition des particules X et Y. La symétrie de grande unification se brise : la force nucléaire commence sa croissance tandis que la force électrofaible décroît lentement. Ici se place un événement capital pour notre histoire. Dans le scénario de Sakharov, la « désunification » des forces nucléaire et électrofaible provoque une légère asymétrie entre matière et antimatière : la création d'*un tout petit surplus* de matière par rapport à l'antimatière. Pour chaque *milliard* d'antiparticules il y a maintenant *un milliard plus une* particules. Cette phase serait donc à l'origine de l'asymétrie matière-antimatière que nous traquons depuis plusieurs chapitres !

Cette soupe quasi symétrique va ensuite conserver pendant longtemps ces populations respectives de quarks et d'antiquarks. Cette

Unifications des forces

supériorité de la population de matière sur la population d'antimatière va s'amplifier prodigieusement lors des hécatombes de quarks et d'électrons (chap. 2). Après ces événements, il reste dans l'univers, pour chaque trois milliards de photons, un nucléon et zéro antinucléon (figure 4 F). Voilà enfin la réponse à nos questions sur la démographie relative des photons et des nucléons. La brisure de la symétrie de grande unification serait donc la cause de l'absence d'antimatière dans notre monde froid. Sans cette asymétrie, matière et antimatière se seraient complètement annihilées, laissant sur le « terrain » un monde de pure lumière (voir note 8).

Au-dessus de 10^{28} K	Quarks et antiquarks sont en nombres égaux Électrons et positrons sont en nombres égaux
Vers 10^{28} K	Brisure de la symétrie de grande unification Génération d'un surplus de matière par rapport à l'antimatière
Entre 10^{28} K et 10^{12} K	*Un milliard plus un* quarks pour *un milliard* d'antiquarks *Trois milliards plus un* électrons pour trois milliards de positrons
Vers 10^{12} K	Transition quark-hadron Apparition des nucléons Hécatombe des nucléons-antinucléons
Entre 10^{12} K et 10^{10} K	Un nucléon et zéro antinucléon pour trois milliards de photons *Trois milliards plus un* électrons pour trois milliards de positrons
Vers 10^{10} K	Hécatombe des électrons-positrons
Au-dessous de 10^{10} K	Un nucléon et zéro antinucléon pour trois milliards de photons Un électron et zéro positron pour un proton

Figure 4 F. Historique de l'asymétrie matière-antimatière.

La Première Seconde

L'emploi du conditionnel, tout au long de cette section, veut souligner le caractère encore bien incertain de cette thèse. Tel était, en tout cas, le scénario le plus populaire au début des années quatre-vingt. Les résultats négatifs des expériences de détection de la désintégration du proton ont jeté une douche froide sur l'euphorie qui régnait à cette période. Que reste-t-il de ce beau montage? Est-ce bien à cette époque que la matière a pris le pas sur l'antimatière? Certains auteurs attribuent cette prédominance à des phénomènes beaucoup plus tardifs, liés à la transition électrofaible.

En dépit d'efforts théoriques considérables, une formulation convaincante de la grande unification se fait encore attendre. Pourtant, il ne faut pas jeter le proverbial bébé avec «l'eau du bain». Dans ses grandes lignes, le scénario de Sakharov est probablement correct. Nous le retiendrons temporairement, faute de mieux.

Relevé de terrain

Nos trois fossiles – égalité des charges de l'électron et du proton; populations relatives des particules, des antiparticules et des photons – semblent indiquer que l'univers a jadis dépassé la température de 10^{28} K (soit 10^{24} eV), correspondant à l'unification hypothétique des forces nucléaire et électrofaible. Cette température est atteinte environ 20 millionièmes de seconde avant la formation des nucléons. Dans la chronologie conventionnelle, l'univers avait alors 10^{-35} s ! C'est de cette époque que proviendrait l'asymétrie matière-antimatière dans notre univers.

Le mystère des monopôles absents

Au chapitre 10 des *DNC*, les difficultés de la théorie du Big Bang ont été présentées et discutées. Notre parcours nous amène à décrire une difficulté supplémentaire, en relation avec l'idée de

Unifications des forces

grande unification et de sa brisure. En plus du léger supplément de matière sur l'antimatière dont elle serait responsable, cette transition aurait injecté dans l'univers une quantité importante de particules massives appelées « monopôles magnétiques* ». De quoi s'agit-il ?

Chacun sait que les aimants possèdent, à chaque extrémité, un « pôle magnétique » par lequel ils s'attirent ou se repoussent. Ces pôles sont de deux sortes, appelées « nord » et « sud ». Ils se comportent comme les charges électriques, positive et négative. L'idée est tentante d'imaginer que, comme les charges électriques, on puisse séparer ces « charges magnétiques » et obtenir des « monopôles » au lieu des aimants « bipolaires ». En fait, il est impossible d'isoler une de ces charges magnétiques. On n'a jamais détecté de « monopôles magnétiques », c'est-à-dire de particules qui ne posséderaient qu'une seule charge magnétique isolée.

La théorie électromagnétique unifie, nous l'avons vu, la force électrique et la force magnétique. La force électrique est engendrée par la présence de charges électriques (l'électron par exemple) tandis que la force magnétique est produite par le mouvement de ces mêmes charges. Le champ magnétique d'un aimant provient du mouvement des électrons autour des noyaux de fer.

Rien ne s'oppose, *a priori*, à l'existence de charges magnétiques isolées. Ces monopôles magnétiques produiraient une force magnétique tandis que leurs mouvements engendreraient une force électrique. Mais, pour une raison tout à fait mystérieuse, la nature ici ne semble pas avoir joué la symétrie. Elle a créé des « monopôles électriques » et apparemment pas de monopôles magnétiques.

Cette asymétrie pose-t-elle problème ? Les monopôles magnétiques « devraient-ils » exister ? La réponse traditionnelle des physiciens est : pas nécessairement. La théorie suggère leur existence mais ne l'exige pas. Elle s'accommode très bien de leur absence.

Mais, dans le cadre de la théorie du Big Bang, la situation est différente. Au moment de la brisure de la symétrie de grande unification, des quantités de monopôles magnétiques ont été engen-

La Première Seconde

drées. Ces particules, presque aussi massives que les X et les Y, devraient être aussi nombreuses que les protons ! Ces masses gigantesques devraient se signaler facilement. Pourquoi ne se laissent-elles pas percevoir dans nos détecteurs ?

En fait, avec cette masse et cette population, les monopôles magnétiques, s'ils existaient, donneraient à l'univers une densité bien supérieure à la densité critique*. Sous leur effet gravifique, l'univers se serait refermé depuis longtemps ! C'était eux ou nous !

Ils ne sont pas là et « tant mieux », mais pourquoi ? Le problème des monopôles absents est une autre des pathologies du Big Bang. Nous y reviendrons au chapitre 7 de ce livre.

4R. Invariances et symétries en physique moderne

[piste rouge: ⚠]

Dans ce chapitre, nous allons jeter un coup d'œil sur les modes de fonctionnement de la physique moderne. Nous essaierons d'illustrer en particulier l'importance fondamentale des notions de symétrie et d'invariance.

On commence par une idée très simple. Les résultats des expériences de physique ne doivent pas dépendre du laboratoire où ils sont obtenus ou de la date à laquelle ces expériences sont faites. Les mêmes manipulations, effectuées au CERN à Genève et au Fermilab à Chicago, doivent obtenir les mêmes données numériques. Les mesures de la masse du proton obtenues l'an dernier et cette année doivent coïncider.

La méthode du lagrangien

Pour décrire le mouvement d'un caillou lancé dans l'espace, on utilise généralement la physique de Newton. L'accélération est donnée par la force : ici, la gravité terrestre. Connaissant les données initiales – vitesse et angle de lancée –, on peut calculer la trajectoire.

La forme de la trajectoire peut également se calculer par la « méthode lagrangienne » due au physicien Louis de Lagrange.

La Première Seconde

 Définissons d'abord deux quantités : le lagrangien* et l'action*. Le lagrangien est la différence entre l'énergie cinétique et l'énergie potentielle d'un corps en mouvement en un point donné de sa trajectoire. L'action est l'intégrale temporelle du lagrangien sur une trajectoire. A chaque trajectoire imaginable correspond une valeur numérique de l'action [22].

Un bolide a été lancé d'un point donné à un instant donné. Après un certain temps, on le retrouve en un autre point. Quelle trajectoire a-t-il parcouru entre ces deux points ? Réponse : entre toutes les trajectoires possibles et imaginables, il a « choisi » celle dont l'action est la plus petite [23]. C'est le « principe de moindre action » énoncé d'abord par Fermat et par Maupertuis. Pour résoudre notre problème, il nous suffirait donc de calculer l'action de toutes les trajectoires et ensuite de sélectionner la plus faible. Exprimé autrement, l'action de la « vraie » trajectoire est stationnaire par rapport à de faibles variations de sa forme. La différence avec celles de ses voisines s'annule au premier ordre. L'énoncé mathématique de cette propriété donne l'équation de Newton. Preuve que les deux méthodes sont bien équivalentes.

Formulation générale

Cette méthode lagrangienne s'adapte à un grand nombre de problèmes. En physique quantique, le lagrangien est une fonction de tous les champs de particules (Φ_i) du système, ainsi que de leurs dérivées. L'action, définie sur un intervalle de temps, doit être invariante par rapport à des petites variations des champs et de leurs dérivées en chaque point. Cette exigence prend la forme des équations différentielles d'Euler et donne l'équation d'onde des champs Φ_i.

On obtient le tenseur énergie-quantité-de-mouvement (EQM*), si important en cosmologie (*DNC*, p. 97), en calculant la dérivée fonctionnelle de l'action par rapport à la métrique. Ce formalisme mathématique est simple et élégant.

Invariances et symétries en physique moderne

Tout le problème est de choisir correctement la forme du lagrangien. Quelles fonctions doit-on associer aux champs pour retrouver les bons résultats ? La recherche se fait par tâtonnements. Le mouvement va d'amont en aval et retour. On y met ce qu'il faut pour obtenir ce que l'on veut. L'accord entre prédictions théoriques et mesures expérimentales est sa seule justification.

Le choix de cette fonction est guidé par l'ensemble des contraintes physiques auxquelles les particules de la physique obéissent sans faute. Les propriétés des corps et les lois qui les régissent doivent avoir un caractère d'universalité. Elles ne doivent pas dépendre de l'endroit où se situe l'expérimentateur ou du moment où il fait sa mesure. Pas plus d'ailleurs que de l'orientation de son laboratoire dans l'espace. Ces invariances suffisent à assurer au système décrit par le lagrangien les conservations des moments linéaires, cinétiques et de l'énergie totale. Les résultats ne doivent pas dépendre non plus de la vitesse dite « absolue » (au sens galiléen) du système. Cette invariance assurera l'équivalence masse-énergie ainsi que la conservation du tenseur EQM. Au-delà de ces symétries par rapport à l'espace-temps, on introduira encore des symétries dites « internes » par rapport à des espaces « abstraits ».

Ces exigences se formulent particulièrement bien en termes de théorie des groupes. On définit d'abord l'ensemble de toutes les lois de conservation imposées par la physique. Puis on exige que le lagrangien soit invariant par rapport à toutes les opérations des groupes de symétrie correspondants. Ces contraintes suffisent à restreindre énormément les choix possibles.

Cette fonction lagrangienne, correctement choisie, devient une précieuse source de renseignements sur la physique du problème. Elle impose quelquefois l'existence de phénomènes inconnus, passibles d'observations nouvelles. L'exploration de ses propriétés est extrêmement fertile.

La Première Seconde

 Quelques exemples

Un champ scalaire représente une particule de spin zéro. Pour une particule libre (sans interaction) de masse m, le lagrangien du champ scalaire est donné par :

(1) $$L = \frac{1}{2}(\frac{\partial \Phi}{\partial x_\mu})^2 - \frac{1}{2} m^2 \Phi^2.$$

Le premier terme représente l'énergie cinétique du champ. Le second est le terme de masse.

L'action est :

(2) $$S = \int dt\, d^3x\, L.$$

L'exigence de minimalité s'exprime par :

(3) $$\frac{\partial S}{\partial \Phi} = \frac{\partial}{\partial x_\mu}(\frac{\partial L}{\partial \Phi / dx_\mu}) - \frac{\partial L}{\partial \Phi} = 0.$$

Elle donne l'équation du mouvement du champ scalaire (l'opérateur différentiel d'alembertien $D^2 = \partial^2/\partial t^2 - \partial^2/\partial x^2 - \partial/\partial y^2 - \partial^2/\partial z^2$ est invariant de Lorentz) :

(4) $$(D^2 + m^2)\Phi = 0$$

et la solution :

(5) $$\Phi = \exp(-iEt + \mathbf{k} \cdot \mathbf{r}) \quad \text{où } E^2 = k^2 + m^2.$$

E est l'énergie de la particule et $\mathbf{k}$ son vecteur d'onde.

Si les particules sont soumises à un champ de force décrit par un potentiel $V(\Phi)$, le lagrangien s'écrit :

(6) $$L = \frac{1}{2}(\frac{\partial \Phi}{\partial x_\mu})^2 - V(\Phi).$$

Invariances et symétries en physique moderne

L'équation de l'évolution du champ devient :

(7) $$D^2\Phi + dV/d\Phi = 0.$$

Le tenseur EQM ne contient que des termes diagonaux. Sa composante T_{00} donne la densité d'énergie du champ tandis que les composantes de la pression $P_x = P_y = P_z$ sont données par les autres termes diagonaux :

(8) $$T_{00} = \rho = \frac{1}{2}(\frac{\partial \Phi}{\partial x_\mu})^2 + \frac{1}{2}V(\Phi)$$

et si le champ est spatialement homogène :

(9) $$T_{00} = \rho = \frac{1}{2}(\frac{\partial \Phi}{\partial t})^2 + \frac{1}{2}V(\Phi)$$

(10) $$T_{11} = T_{22} = T_{33} = P = \frac{1}{2}(\frac{\partial \Phi}{\partial t})^2 - \frac{1}{2}V(\Phi).$$

Invariance de phases

En physique quantique, les amplitudes associées aux phénomènes physiques sont des fonctions complexes. Elles peuvent s'écrire sous la forme $\Psi = \Psi_0 \exp(i\alpha)$. Les probabilités des événements correspondants sont des nombres réels qui font intervenir le produit de ces fonctions avec leurs conjuguées. Dans la formulation des résultats théoriques à comparer aux observations, la phase disparaît complètement. Seules demeurent les différences de phase.

Cette propriété suggère une nouvelle forme d'invariance : on demandera au lagrangien d'être invariant par rapport à un changement de phase de chacun des champs qu'il contient. On appellera « théorie de jauge[*] » la théorie qui en résultera. Ces théories s'inscrivent à un niveau fondamental de la construction du monde réel.

La Première Seconde

 On peut se représenter ce changement comme une rotation dans le plan des nombres complexes. Le nombre α devient un angle que l'on peut changer arbitrairement d'une quantité $d\alpha$ autour du cercle unité. Le lagrangien doit être invariant par rapport au groupe des rotations dans cet « espace interne » à une dimension. Ce groupe s'appelle U(1) (U pour unitaire).

En théorie électromagnétique, l'invariance du lagrangien par rapport à une transformation globale ($d\alpha$ est le même partout) impose automatiquement la conservation de la charge électrique. L'invariance supplémentaire par rapport à une transformation locale ($d\alpha$ change d'une façon arbitraire d'un point à un autre) impose l'existence d'un nouveau champ appelé « champ de jauge ». Les variations de ce champ épongent celles de l'angle α et assurent l'invariance du lagrangien.

Le nouveau champ possède toutes les propriétés du champ électromagnétique et de ses photons associés. Résultat magnifique : il suffit de demander l'invariance locale du lagrangien des électrons (ou de toutes particules électriquement chargées) par rapport aux transformations de phase pour obtenir l'existence du champ électromagnétique. Cette invariance impose au photon une masse strictement nulle.

Théories de jauge

Cette invariance locale porte le nom d'invariance de jauge. On y retrouve la notion de « particules d'échange » définie auparavant (*DNC*, p. 150). Les photons sont les vecteurs de la force électromagnétique entre les particules chargées, et le mode d'interaction entre ces particules est tout entier spécifié par la condition d'invariance lagrangienne. Puissance et élégance des théories de jauge !

Dans le cas de la force nucléaire, les quarks ont des « couleurs » qui ne se manifestent jamais dans une observation. On exprime cette exigence en termes d'une « phase généralisée »,

Invariances et symétries en physique moderne

fonction de ces couleurs. On demande que le lagrangien de l'interaction nucléaire soit localement invariant par rapport aux changements de cette phase. Le groupe des opérations s'appelle SU(3) (groupe unitaire d'ordre 3 ; le S signifie que le déterminant des matrices correspondantes est égal à l'unité). Cette exigence impose l'existence d'un nouveau champ de jauge avec ses particules vectrices : les gluons.

Pour assurer l'interaction entre les trois couleurs des quarks, il faut huit variétés de gluons. A chacun de ceux-ci est attachée une charge « nucléaire » : une double couleur différente. Cette multiplicité des charges nucléaires par rapport à l'unique charge électrique a un retentissement de première importance dans le monde réel. Elle impose que les gluons interagissent entre eux, provoquant la concentration de leurs lignes de force en un faisceau. Elle explique ainsi pourquoi la force nucléaire entre deux quarks augmente avec la distance qui les sépare. Par là, elle rend compte du confinement des quarks à l'intérieur des nucléons (chap. 3) et de l'impossibilité d'avoir des quarks libres.

La force électrofaible est décrite par la conjonction d'un groupe U(1) et d'un groupe SU(2). Le champ de jauge qui assure l'invariance locale transporte les « saveurs » entre les fermions. Il contient les particules d'échange de l'interaction électrofaible. A haute température ($T > 100\,\text{GeV}$), ces particules n'ont pas de masse. Après la brisure de symétrie, trois de ces particules vont acquérir de la masse et devenir les W^+, W^- et Z de l'interaction faible tandis que le photon sans masse restera le vecteur de la force électromagnétique.

Le cas de la force de gravité est beaucoup plus compliqué à cause des termes non linéaires qu'il implique. On l'assimile généralement (et approximativement...) à un groupe U(1) dont les particules d'échange seraient les gravitons de spin 2. On y reviendra au chapitre 10.

La Première Seconde

 Supraconducteurs et champs de Higgs

Les physiciens expliquent la faible portée de la force faible en termes de la très grande masse des particules d'échange W et Z. Une question se pose : pourquoi ces particules sont-elles si massives alors que les photons porteurs de l'interaction électromagnétique n'ont pas de masse ?

Bon nombre de notions utilisées en théories des champs proviennent de l'étude des supraconducteurs. Les corps solides s'échauffent quand on y fait circuler un courant électrique. Cette chaleur provient des collisions entre les électrons de conduction et les ions de la substance. C'est le principe des chaufferettes et des grille-pain. Les matériaux voient leur résistance électrique décroître à basse température. Pour certains d'entre eux, elle s'annule complètement en dessous d'un seuil critique. Le matériau devient « supraconducteur ». Un courant électrique lancé dans une boucle peut circuler indéfiniment sans produire de chaleur. Les électrons passent parmi les ions en les ignorant. Aucune « friction » ne vient ralentir leur mouvement.

Les supraconducteurs ont une autre propriété remarquable : il est impossible de les magnétiser. Ils rejettent les champs magnétiques dans lesquels on les plonge. En fait, ils ne permettent qu'une mince pénétration de ce champ à leur surface.

Aujourd'hui, on explique ces propriétés en termes du comportement des électrons dans le supraconducteur. A très basse température, les électrons s'associent pour former des paires. L'apparition d'un spectre de niveaux d'énergie discontinu provoque la disparition de la résistance électrique[24].

Les électrons, rappelons-le, sont des particules de spin 1/2, c'est-à-dire des fermions. Mais les paires d'électrons s'associent en opposant leur spin. Ils se comportent alors comme des particules de spin nul. Le champ scalaire, associé à ces paires, possède des propriétés tout à fait remarquables. Il coordonne le mouvement des électrons de façon à annuler le champ magné-

Invariances et symétries en physique moderne

tique qu'on cherche à lui imposer. D'où l'impossibilité de faire pénétrer ce champ dans le supraconducteur.

On décrit cette exclusion en disant que les photons associés au champ magnétique ont « acquis » de la masse en pénétrant dans le supraconducteur. Cette masse leur est « donnée » par le champ scalaire associé aux paires d'électrons.

De là est née chez les physiciens l'idée d'expliquer la masse des W et des Z de l'unification électrofaible (et aussi des X et des Y de la grande unification) en supposant l'existence de champs scalaires appropriés. Ces champs appelés « champs de Higgs* » (du nom du physicien écossais Peter Higgs, leur inventeur) jouent un rôle analogue à celui de la supraconductivité[25]. Ils donnent leurs masses non seulement aux W et au Z, mais aussi aux électrons, aux quarks et aux neutrinos (si ces derniers en ont une).

Dans le cas de la supraconductivité, nous savons à quelles particules le champ scalaire est associé. Ce ne sont pas des particules « élémentaires » mais des structures composées de paires d'électrons de spins opposés. La question se pose au sujet des particules de Higgs : sont-elles élémentaires (comme les photons) où composées d'autres particules ? Les deux possibilités existent. La question de la nature du champ de Higgs est un des grands mystères de la physique contemporaine. Elle ouvre peut-être la porte à un domaine entièrement nouveau. La masse de la particule de Higgs est vraisemblablement plus élevée que celle des W et des Z. Les énergies correspondantes seraient au-dessus de la portée des accélateurs contemporains. Ce qui expliquerait pourquoi, malgré tous les efforts, on n'a jamais pu la détecter en laboratoire. On espère que le LHC, en construction au CERN, y parviendra.

Propriétés des champs scalaires

Les théories inflationnaires font intervenir des champs scalaires dont la densité d'énergie et la pression sont égales mais de signe contraire (*DNC*, p. 113). Pour comprendre le sens physique d'une

La Première Seconde

 relation aussi inhabituelle, il convient de revenir sur les notions familières de pression, de densité et de travail.

La pression exercée par un gaz chaud est proportionnelle à sa densité et au transfert d'énergie occasionnée par le choc de ses particules sur une paroi. En se déplaçant vers l'extérieur, celle-ci balaie un volume dV et fournit un travail $dW = PdV$, au détriment de l'énergie interne de la substance. D'où la relation : $dU = -dW = -PdV$.

Ces relations ne sont plus valables si le système contient des formes d'énergie autres que l'énergie cinétique des particules individuelles. Considérons, par exemple, un ruban élastique de section dA. Pour l'allonger d'une longueur dL, il faut faire sur lui un travail dW positif, qui représente un accroissement de l'énergie interne dU du ruban. Pour sauvegarder les relations $dU = -dW = -PdV$, on définit une « pression négative » qui représente l'interaction des molécules de la bande élastique et la résistance à l'accroissement de volume.

Poursuivant cette analogie, on considère la bande élastique comme un système dont le niveau d'énergie le plus bas correspond à l'absence d'étirement. En l'étirant, on fait sur elle un travail dW, par lequel elle passe à des niveaux d'énergie plus élevée. Ajoutons cependant que les différences d'énergie entre ces niveaux sont toujours extrêmement faibles par rapport à l'énergie associée à la masse des atomes de la bande élastique. Ce n'est pas le cas pour les pressions associées aux champs scalaires. Elles peuvent, en certains cas, devenir numériquement égales à leur densité d'énergie (mais de signe contraire). L'équation d'état s'écrit alors $P = -\rho$. (Rappelons que, dans notre convention, $c = 1$.)

Pour comprendre la physique de cette situation, revenons à l'étirement du ruban élastique. Pour s'opposer aux forces intermoléculaires et augmenter son volume, il a fallu effectuer un travail dont le résultat à été d'accroître l'énergie interne. Ici, l'apport des densités d'énergie quantiques a pour effet de compenser *exactement* la diminution d'énergie impliquée par une augmentation de volume. C'est le sens physique de cette équation d'état.

Origine de l'équation d'état quantique

Dans quelles conditions une telle équation d'état peut-elle se réaliser ?

Rappelons l'expression de la densité et de la pression d'un champ scalaire homogène obtenue à partir du tenseur EQM [équation (9)] :

(11) $$\rho = \frac{1}{2}(\frac{\partial \Phi}{\partial t})^2 + \frac{1}{2}V(\Phi)$$

(12) $$P = \frac{1}{2}(\frac{\partial \Phi}{\partial t})^2 - \frac{1}{2}V(\Phi).$$

Si le champ ne varie pas avec le temps, $(\partial \Phi/\partial t) = 0$, on retrouve notre équation d'état $P = -\rho$. Rappelant que si $\Phi = 0$ le champ ne contient pas de particules, si le potentiel V ne s'annule pas quand le champ s'annule ($V(\Phi = 0) \neq 0$), on peut parler d'« énergie du vide ».

Dans ce cas, le tenseur EQM de ce champ $T^*_{\mu\nu}$ se réduit à sa diagonale : $\rho(+1, -1, -1, -1)$. On peut le mettre sous la forme $T^*_{\mu\nu} = \rho g_{\mu\nu}$, où $g_{\mu\nu}$ est la diagonale $(+1, -1, -1, -1)$ et ρ = constante [26].

Rappelons que l'équation fondamentale de la relativité générale :

$$G_{\mu\nu} = 8\pi G T_{\mu\nu}$$

admet l'addition d'un terme qui doit obligatoirement (invariance de Lorentz exige) avoir la forme $\Lambda g_{\mu\nu}$ où Λ est une constante. C'est ici que la constante cosmologique trouve son rôle quantique. Elle représente la somme des énergies des champs scalaires.

La Première Seconde

 Énergie potentielle du champ

L'équation d'état $P = -\rho$ décrit l'état d'un système qui possède une énergie potentielle non nulle quand la valeur du champ s'annule. Cette situation est fréquente en physique.

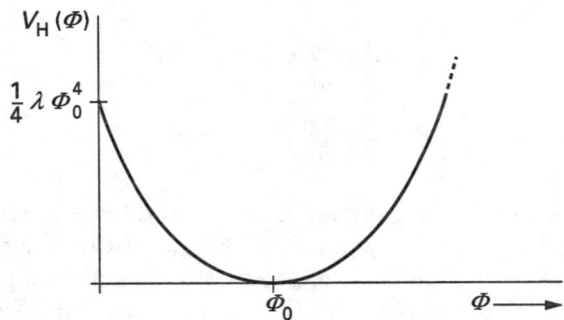

Figure 4R A. Potentiel de Higgs.

Le potentiel attribué au champ de Higgs en est un exemple. Ce potentiel $V_H(\Phi)$ peut s'exprimer de la façon suivante (figure 4R A) :

(13) $\qquad V_H(\Phi) = \dfrac{1}{4}\lambda(\Phi_0^2 - \Phi^2)^2.$

Le potentiel résiduel à $\Phi = 0$ est donné par $V_H(\Phi) = 1/4\lambda\Phi_0^4$ où λ est la constante de couplage du champ de Higgs avec les autres champs. C'est grâce à ce couplage que l'énergie de ce champ finit par se transformer en particules ordinaires. On a alors, d'après les équations (11) et (12) :

(14) $\qquad P_H = -\rho_H = V_H(\Phi = 0) = \dfrac{1}{4}\lambda\Phi_0^4.$

Dans ce cas, le champ $\Phi = 0$ correspond à une situation instable. Le champ va tendre spontanément vers son minimum à $\Phi = \Phi_0$. La différence d'énergie sera émise pendant la transition.

Invariances et symétries en physique moderne

L'exemple le plus connu est sans doute le paramagnétisme. Dans un bloc de fer à haute température, l'état de champ magnétique nul possède une énergie potentielle résiduelle qui se libérera quand, pendant le refroidissement, l'orientation spontanée des atomes les amènera à prendre une aimantation permanente (fig. 4R B).

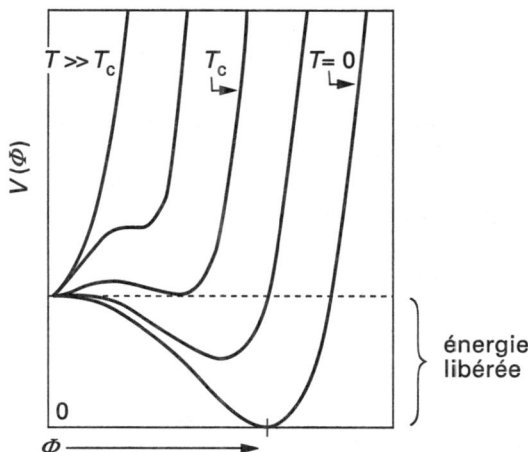

Figure 4R B. Potentiel associé au champ magnétique d'un bloc de fer. Forme du potentiel $V(\Phi)$ associé au champ magnétique Φ d'un bloc de fer en refroidissement. Chaque courbe correspond à une température. La température critique est celle à laquelle la profondeur d'un second minimum rejoint celle du premier. A $T = 0$, la magnétisation libère la quantité d'énergie indiquée.

Champs scalaires dans un univers en expansion

La situation cosmologique ressemble au refroidissement d'un bloc de fer. A haute température ($T \gg T_c$), l'énergie potentielle du champ scalaire a son minimum à $\Phi = 0$ (appelé souvent le « faux vide »). Le champ scalaire se situe spontanément dans son

103

La Première Seconde

 état ($\Phi = 0$). Quand la température décroît, le potentiel développe un second minimum à $\Phi = \Phi_0$ (figure 4R B, p. 103). A la température critique, ce minimum devient aussi profond que le premier, et le champ pourrait passer dans ce nouvel état. Une barrière de potentiel l'en empêche. A plus basse température, la courbe prend progressivement la forme du potentiel de Higgs. Le champ glisse vers son nouveau « vrai vide » à $\Phi = \Phi_0$.

L'équation (12) montre que la pression devient négative si $V(\Phi)$ est plus grand que $(d\Phi/dt)^2$. L'équation dynamique du Big Bang (*DNC*, p. 98) peut se réécrire sous la forme : $(d^2R/dt^2)/R = -4\pi G(\rho + 3P)$. L'univers entre dans une phase d'expansion exponentielle quand $(\rho + 3P)$ devient négatif. Il suffit pour cela que $V(\Phi) > 2 (d\Phi/dt)^2$.

Dans un espace sans expansion, le champ Φ homogène obéit à l'équation d'évolution (7). Dans un espace en expansion, cette équation prend la forme (ici H est la constante de Hubble) :

$$(15) \qquad \frac{d^2\Phi}{dt^2} + H\frac{d\Phi}{dt} + \frac{dV}{d\Phi} = 0.$$

On a souvent comparé l'évolution de Φ au mouvement d'une bille roulant sur une surface ayant la forme du potentiel V. Le terme $Hd\Phi/dt$ simule alors le frottement d'un milieu visqueux qui retarde le mouvement de la bille.

Cette évolution de la valeur du champ selon l'équation (15) affecte la valeur de sa densité d'énergie et, en conséquence, le rythme d'expansion de l'univers quand cette composante est prépondérante. Il faut alors coupler l'équation du champ avec l'équation dynamique du Big Bang :

$$(16) \qquad H^2 = H^2 = (\frac{dR/dt}{R})^2 = 8\pi G \frac{1}{6}\left[(\frac{d\Phi}{dt})^2 + V(\Phi)\right].$$

Ici, on a supposé pour simplifier que la densité d'énergie du champ domine toutes les autres composantes du cosmos.

Les solutions de ces équations couplées décrivent le comportement des épisodes inflationnaires. La forme du potentiel $V(\Phi)$

détermine la durée de ces épisodes et donc le facteur d'expansion qui en résultera. Cette durée est un facteur cosmologique de grande importance (chap. 7).

Phases d'annihilation en cosmologie

Toutes les variétés de particules coexistent avec leurs antiparticules aux hautes températures des premiers temps de l'univers. Les réactions de création et d'annihilation des paires, plus rapides que le taux d'expansion, engendrent des populations stables de ces particules. Avec le refroidissement, ces populations diminuent. Quand la température devient inférieure à la masse d'une de ces variétés ($kT < Mc^2$), la décroissance est exponentielle. Normalisées au nombre de photons, ces populations se stabilisent quand le taux d'annihilation des paires devient supérieur au taux d'expansion. On peut ainsi calculer la population résiduelle de chaque variété, si on fait l'hypothèse que les populations de particules et d'antiparticules sont strictement égales (potentiel chimique nul). Dans le cas des nucléons, ces calculs montrent la nécessité d'un surplus de matière sur l'antimatière pour rendre compte du rapport nucléon sur photon observé (nombre baryonique*) de 3×10^{-10}.

Soit un gaz de particules et d'antiparticules j et j̄ de masse m_j en équilibre avec le rayonnement ($j + \bar{j} \Leftrightarrow 2\gamma$) aux premiers temps du cosmos.

Les abondances, dans l'univers en expansion, sont gouvernées par une équation différentielle du type :

(17) $\quad \dfrac{dn(j)}{dt} = -3H +$ (termes de création − termes d'annihilation)

où H est la constante de Hubble.

La Première Seconde

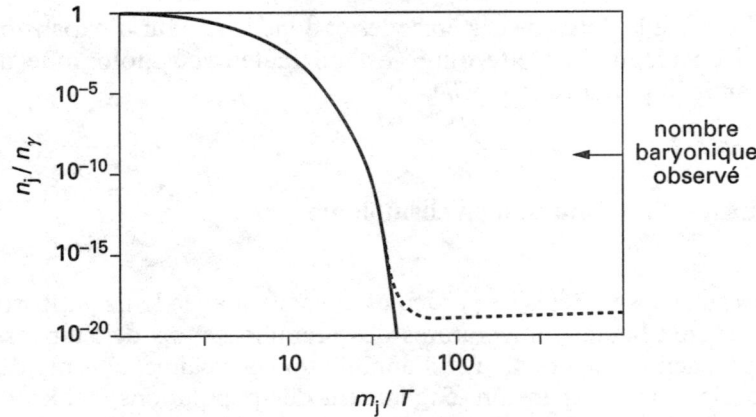

Figure 4R C. Population des particules et antiparticules en fonction de leur masse et de la température. Quand les particules deviennent non relativistes ($T < M$), leur abondance décroît exponentiellement. Elle se stabilise quand le taux d'annihilation devient inférieur au taux d'expansion. On a supposé un potentiel chimique nul : même nombre de particules que d'antiparticules. Le trait pointillé s'applique aux nucléons. C'est le nombre baryonique calculé dans l'hypothèse d'une symétrie matière-antimatière.

Aux hautes températures ($T > m_j$), la substance est relativiste et les abondances en équilibre sont égales (aux facteurs de multiplicité près) à celles des photons (figure 4R C) :

(18) $\qquad n(j) = n(\bar{j}) \approx n(\gamma) \propto T^3 \qquad (T > m_j).$

Quand les particules deviennent non relativistes ($m_j > T$), les abondances en équilibre décroissent :

(19) $\qquad n(j)/n(\gamma) \propto (m_j/T)^{3/2} \exp(-m_j/T) \qquad (T < m_j).$

Cette densité diminue jusqu'au moment où le temps moyen entre deux annihilations devient plus long que l'âge de l'univers. Ce « découplage » se produit à la température T_{dec} où le taux d'expansion est égal au taux d'annihilation. La population relative de ces particules et des photons se stabilise à la valeur $n(j, T_{dec})/n(\gamma)$.

Invariances et symétries en physique moderne

Le temps moyen d'annihilation est inversement proportionnel à la probabilité d'annihilation. Celle-ci est le produit de la section efficace d'annihilation σ_{ann}, de la vitesse v des paires et de leur densité n_j :

(20) $$t_{ann} \approx 1/n_j\, \sigma_{ann} v$$

où

(21) $$n_j \propto (m_j T)^{3/2} \exp(-m_j/T).$$

La section efficace d'annihilation, σ_{ann}, a la dimension de l'inverse du carré d'une masse m_s caractéristique du phénomène. Par exemple, pour l'annihilation des nucléons, la masse m_s est celle des pions (137 MeV). Rappelons que t_{pl} est le temps de Planck et m_{pl} est la masse de Planck :

(22) $$\sigma \approx m_s^{-2} \quad v \propto (T/m_j)^{1/2}$$

(23) $$t_{ann}/t_{pl} \approx (m_s^2/m_j m_{pl})(T/m_{pl})^{-2} \exp(m_j/T).$$

Le découplage se produit quand le temps d'expansion de l'univers ($t_{exp}/t_{pl} \approx (m_{pl}/T)^2$) est égal à ce temps d'annihilation. La température de découplage T_{dec} est donnée par :

(24) $$\exp(-m_j/T_{dec}) = (m_s/m_{pl})^2/(m_j/m_{pl})$$
(25) $$m_j/T_{dec} = ln\,(m_j/m_{pl})/(m_s/m_{pl})^2.$$

Pour les nucléons : $m_p/T_{dec} \approx 48$ d'où $T_{dec} \approx 20$ MeV. A des températures inférieures, les nucléons et antinucléons résiduels coexistent pacifiquement sans se rencontrer. La fraction résiduelle de nucléons par rapport aux photons est donnée par :

(26) $$n_p(T_{dec})/n_\gamma = (m_p/T_{dec})^{3/2} \exp(-m_p/T_{dec}) \approx 3 \times 10^{-19}$$

soit 10^9 fois plus faible que la valeur observée (figure 4R C).

Ce calcul montre que l'asymétrie nucléon-antinucléon de notre univers contemporain n'est pas simplement le résidu d'une annihilation stoppée par l'expansion. Il faut supposer la présence d'une asymétrie initiale.

La Première Seconde

 **Recherche de la masse sombre :
les wimps ?**

Supposons l'existence de particules massives électriquement neutres soumises à l'interaction faible. On les appelle « wimps* » pour *weakly interacting massive particles*. Des sortes de neutrinos lourds de masse m_v. De telles particules apparaissent dans les scénarios supersymétriques. Ce sont, par exemple, les partenaires des photons, appelés « photinos ».

On cherche à calculer la densité résiduelle de ces particules dans l'univers après leur phase d'annihilation. En analogie avec le calcul précédent, on suppose que leur potentiel chimique est nul (même quantité de wimps que d'antiwimps).

La section d'efficace d'annihilation des wimps $\sigma \approx m_v^2/m_Z^4$ où m_v est la masse du wimp et m_Z la masse de la particule Z des interactions faibles, si $m_v < m_Z$. Utilisant les formules précédentes, on calcule que la masse m_v requise pour obtenir une densité de wimps égale à la densité critique est légèrement supérieure à un GeV. C'est la masse que l'on associe naturellement à ces particules supersymétriques. Cette coïncidence est suggestive. Ces particules activement recherchées n'ont pas encore répondu à l'appel. On compte beaucoup sur le LHC en construction au CERN pour poursuivre cette recherche.

Origine de l'asymétrie matière-antimatière

Au chapitre 3, nous avons suivi l'évolution des populations relatives de matière et d'antimatière durant l'histoire du cosmos. Il nous faut maintenant chercher à comprendre le mécanisme par lequel s'est installé, dans le lointain passé, le minuscule avantage de la matière sur l'antimatière, qui, après les épisodes d'annihilations massives, est devenu prépondérant.

Invariances et symétries en physique moderne

D'abord, quelques questions préliminaires. Le proton nous semble éternel; l'est-il vraiment? Sa vie est-elle illimitée? Et pourquoi les protons créés dans les accélérateurs à haute énergie sont-ils toujours accompagnés d'un antiproton? Pour traiter de ces questions, les physiciens ont inventé le nombre baryonique noté B[27]. On assigne à chaque baryon (proton, neutron ou autre particule massive) un nombre $B = 1$ et à leurs antiparticules un nombre $B = -1$. Les quarks ont $B = 1/3$ et les antiquarks $B = -1/3$. Toutes les autres particules ont $B = 0$.

L'exigence que, dans toute réaction physique, le nombre B total soit conservé (c'est-à-dire soit le même avant et après la réaction) suffit alors à rendre compte du fait que le proton ne semble pas se désintégrer et que baryons et antibaryons apparaissent en paires. Pourtant, une question se pose : cette conservation est-elle absolue (comme, par exemple, la conservation de la charge électrique)? Ou bien seulement approximative?

Il y a de bonnes raisons de penser que cette loi de conservation n'est pas absolue. Au chapitre 2, nous avons abordé la question de l'absence d'antimatière dans notre univers froid. Remontant le cours du temps, nous avons été amenés à conclure qu'à haute température la population des particules devait être légèrement supérieure à celle des antiparticules. Cet avantage numérique, si faible soit-il, suggère l'existence de réactions physiques dans lesquelles le nombre B ne serait pas exactement conservé. S'il avait toujours été conservé, toutes les réactions physiques auraient produit exactement le même nombre de particules que d'antiparticules.

La possibilité d'une unification de la force nucléaire avec la force électrofaible suggère également l'existence de telles réactions. Cette « grande unification » – suggérée par la convergence des constantes de couplage et par la stricte égalité des charges de l'électron et du proton – implique que quarks et électrons soient reliés par un groupe. Les opérations de symétrie de ce groupe imposent l'existence de réactions dont le résultat net est essentiellement la transformation d'un quark en un électron [voir par exemple les équations (27) et (28) un peu plus loin]. De telles réactions font varier le nombre B.

La Première Seconde

 La comparaison avec le statut de la charge électrique est instructive. Les invariances globales et locales du lagrangien relient la charge électrique au champ de photons. La conservation stricte de la charge électrique est appuyée par l'existence du champ électromagnétique auquel est associée une particule de masse nulle : le photon. Aucun champ analogue n'appuie la conservation du nombre B, laissant la porte ouverte à la possibilité de non-conservation de ce nombre. En d'autres mots, la découverte de réactions ne conservant pas la charge électrique remettrait en cause tout l'édifice de l'électrodynamique quantique ; l'existence de réactions ne conservant pas le nombre B n'aurait aucun effet désastreux du même genre...

Particules et antiparticules n'ont pas toujours des comportements symétriques

Les deux membres d'une paire particule-antiparticule (par exemple, l'électron et le positron) ont plusieurs paramètres physiques identiques : même masse, même spin et même temps de vie si elles sont instables. Jusqu'ici, cette affirmation n'a jamais été prise en défaut.

Dans ce contexte, une expérience de laboratoire, réalisée en 1964, devait avoir une importance cosmologique considérable. Cette expérience montrait que, même si les deux membres d'une paire ont les mêmes propriétés, leur *comportement* n'est pas nécessairement identique ou symétrique[28]. Plus exactement, la probabilité qu'une particule se désintègre en d'autres particules n'est pas nécessairement exactement la même que la probabilité que son antiparticule se désintègre dans les antiparticules correspondantes.

Cette découverte et la détection du rayonnement fossile en 1965, confirmant la validité de la théorie du Big Bang, devaient suggérer, en 1967, au physicien russe Andreï Sakharov un scéna-

Invariances et symétries en physique moderne

rio fort intéressant. En juxtaposant trois éléments différents on pouvait, pour la première fois, rendre compte de l'asymétrie matière-antimatière cosmique.

Les trois éléments requis sont les suivants :
1) l'univers ne doit pas être stationnaire ;
2) le nombre B ne doit pas être absolument conservé ;
3) particules et antiparticules ne doivent pas avoir un comportement strictement symétrique.

On montre facilement que ces trois conditions sont nécessaires. Dans un univers statique, sans changement, toutes les populations de particules sont dans un état d'équilibre. Les équations qui décrivent ces équilibres (équations de Boltzmann, Fermi-Dirac ou Bose-Einstein) sont paramétrées par des quantités comme la masse et les multiplicités des particules. Ces quantités étant identiques pour les particules et antiparticules, les populations seront identiques même en présence de réactions ne conservant pas le nombre B.

De même, si particules et antiparticules ont un comportement parfaitement symétrique, les non-conservations du nombre baryonique dans un sens (favorisant par exemple la matière) seront irrémédiablement compensées par des non-conservations dans l'autre sens (favorisant l'antimatière), et la symétrie sera rétablie. L'asymétrie de comportement est donc essentielle pour établir l'asymétrie matière-antimatière.

Dans l'univers en expansion, comme pour la nucléosynthèse primordiale (*DNC*, chap. 8), tout se joue alors autour des valeurs relatives de deux échelles de temps. La première échelle t_{reac} est reliée aux réactions qui ne conservent pas B et la seconde au temps caractéristique d'expansion t_{exp}. L'asymétrie apparaît quand l'expansion devient trop rapide pour laisser l'équilibre se rétablir ; c'est-à-dire quand t_{exp} est plus court que t_{reac}. La population de particules devient alors (légèrement !) supérieure à la population d'antiparticules.

La Première Seconde

 Les espoirs déçus de la grande unification

Tel était le schéma général présenté par Sakharov. Depuis, de nombreux efforts ont été faits pour l'inscrire dans un contexte physique plus précis. Reconnaissons tout de suite qu'aucun scénario détaillé n'a réussi à s'imposer. Un modèle a pourtant connu un grand succès autour des années quatre-vingt. Dans ce modèle appelé SU(5) « minimal »[29], on associe la création de l'asymétrie matière-antimatière aux événements qui ont amené la brisure de la grande unification autour de 10^{15} GeV. Avant cette brisure, matière et antimatière avaient un statut strictement symétrique.

On suppose un grand groupe unifié, de type SU(5), qui plus tard se « brise » en deux groupes : un SU(3) pour la force nucléaire et un SU(2)×U(1) pour la force électrofaible. Nous verrons que ce modèle n'explique pas quantitativement les observations. Mais il est probablement qualitativement juste et possède une valeur pédagogique indéniable.

Pour rendre compte de cette brisure de symétrie, on suppose l'existence d'un nouveau champ scalaire auquel sont associées des particules de Higgs X et Y dont les masses sont voisines de 10^{15} GeV. Ces particules hautement instables peuvent naître, par exemple, de la rencontre de deux quarks et se désintégrer en un antiquark et un antilepton (anti-électron, antineutrino, etc.) :

(27) $\qquad q+q \Leftrightarrow X \Leftrightarrow \bar{q}+\bar{l}.$

Ou, en lisant l'équation de la droite vers la gauche : un antiquark et un antilepton peuvent donner naissance à cette particule qui se transforme ensuite en une paire de quarks.

On note que, dans cette réaction, il y a moins de quarks après qu'avant. Le nombre B n'est pas conservé ; il est passé de $+2/3$ à $-1/3$. La figure 4 E (p. 84) montre comment une telle séquence provoquerait la désintégration d'un proton en un électron et un pion.

A chaque particule X est associée une antiparticule $\bar{X}$ qui, par symétrie, peut avoir un comportement analogue :

Invariances et symétries en physique moderne

(28) $\bar{q} + \bar{q} \Leftrightarrow \bar{X} \Leftrightarrow q + l.$

Ces deux particules ont strictement les mêmes temps de vie. $t(X) \equiv t(\bar{X})$. Ces temps de vie sont les inverses des sommes des probabilités de désintégrations dans les différents modes possibles :

(29) $1/t(X) = P(X \Rightarrow \bar{q} + \bar{l}) + P(X \Rightarrow q + q)$

(30) $1/t(\bar{X}) = P(\bar{X} \Rightarrow q + l) + P(\bar{X} \Rightarrow \bar{q} + \bar{q}).$

Sachant que les comportements des particules et des antiparticules ne sont pas absolument symétriques, supposons que $P(X \Rightarrow \bar{q} + \bar{l})$ diffère légèrement de $P(\bar{X} \Rightarrow q + l)$. Pour que les temps de vie soient égaux, il faudra alors que $P(X \Rightarrow q + q)$ et $P(\bar{X} \Rightarrow \bar{q} + \bar{q})$ diffèrent d'une quantité égale et opposée. Dans ces conditions, la désintégration des X produira, par exemple, un peu plus de quarks que la désintégration des $\bar{X}$ ne produira d'antiquarks et nous obtiendrons l'asymétrie désirée! La durée de vie des particules X et $\bar{X}$ (environ 10^{-35} s) donne l'échelle de temps (t_{reac}) de ces réactions. A l'époque de grande unification, (t_{reac}) est effectivement plus long que l'échelle de temps de l'expansion (t_{exp}).

Qu'en est-il sur le plan quantitatif? L'importance de l'asymétrie engendrée sera proportionnelle à la différence des probabilités mentionnées plus haut. Interviendront également des facteurs comme le rapport des temps caractéristiques et les multiplicités de particules. L'asymétrie calculée dans le modèle SU(5) minimal est beaucoup trop faible et ne permet pas de rendre compte de la population relative des nucléons et des photons (nombre baryonique). De surcroît, la durée de vie du proton calculée est trop courte. On obtient 10^{29} ans alors que sa durée réelle est sûrement plus longue que 10^{31} ans. Ces deux échecs ont discrédité le modèle SU(5) dit « minimal ».

D'autres versions de la grande unification ont été testées, sans plus de succès. Aujourd'hui, la plupart des chercheurs s'orientent plutôt vers la température de Planck* (chap. 6). Ils espèrent y trouver le théâtre approprié pour l'unification de toutes les forces, y compris la gravité.

La Première Seconde

 D'autres théoriciens explorent la possibilité que ces événements se soient produits à plus basse température. Certains scénarios laissent penser que des réactions ne conservant pas le nombre B auraient pu survenir beaucoup plus tard, au moment de la transition électrofaible. Nous ne nous étendrons pas plus longuement sur ce sujet encore mal connu.

Où cela nous laisse-t-il ? A peu près au niveau des hypothèses de Sakharov. L'asymétrie matière-antimatière dans le cosmos trouve un schéma explicatif qualitatif dans l'existence de réactions qui ne conservent pas le nombre B, en conjonction avec le fait que particules et antiparticules n'ont pas un comportement strictement symétrique, le tout dans le contexte d'un univers en expansion. Cette asymétrie nous indique que l'univers a été, dans le passé, à une température supérieure à 10^{16} K (10^3 GeV) et peut-être même supérieure à 10^{28} K (10^{24} eV). Pourtant, nous ne savons toujours pas expliquer *quantitativement* le nombre baryonique : trois milliards de photons par nucléon.

Asymétrie leptonique

Qu'en est-il de l'asymétrie des électrons et des autres particules ? La conservation de la charge électrique impose que le supplément de quarks positifs soit compensé par un supplément de leptons négatifs (électrons, muons ou taus). Les désintégrations ultérieures se solderont par une asymétrie électron-positron numériquement égale à l'asymétrie proton-antiproton.

Les leptons comprennent non seulement les électrons, muons et taus mais aussi les neutrinos correspondants. On définit pour l'ensemble des leptons un nombre leptonique* L, analogue au nombre B. La nucléosynthèse primordiale nous a permis de délimiter les valeurs possibles de ce nombre dans l'univers. Les neutrinos et les antineutrinos sont en populations sensiblement égales (*DNC*, p. 192).

5. L'énigme de la constante cosmologique

Une théorie physique, la relativité ou la physique quantique, est, au départ, un ensemble d'axiomes. Le jeu consiste à développer ces axiomes pour en tirer les conséquences physiques. C'est-à-dire, en pratique, prévoir des résultats d'observations astronomiques ou d'expérimentations de laboratoire. Pour des raisons heureuses, mais dont la teneur exacte nous échappe largement, ce jeu fait des merveilles. Notre étude de l'équation de Dirac au chapitre 2 nous en a fourni un bel exemple.

Face à ces mathématiques rigoureuses mais abstraites, le physicien doit s'efforcer d'identifier les éléments physiques auxquels correspondent les termes permis ou imposés par le formalisme. Le problème de la constante cosmologique se situe à ce niveau. Il nous a suivis tout au long de notre histoire. Nous allons maintenant l'aborder de front.

Il naît, rappelons-le, de la réaction émotive d'Einstein face au message de ses propres équations. Elles lui disent que l'univers ne peut pas être statique. Dans l'espoir de le « stabiliser », il entreprend de modifier son formalisme. Il ajoute un terme supplémentaire : la constante cosmologique.

Cette opération peut paraître surprenante. Pourtant, elle est tout à fait légitime. Le physicien « a le droit » d'ajouter à son formalisme tous les termes qu'il veut à condition de respecter la cohérence interne des mathématiques. Se pose alors une question importante : ces termes ont-ils une réalité physique ou non ? Seule l'observation peut en décider.

La Première Seconde

Einstein va plus loin. Arbitrairement, il décide d'assigner à ce nouveau terme la valeur numérique requise pour stopper l'expansion et retrouver l'image d'un univers statique. Rien ne justifie ce choix, si ce n'est son aversion face à l'idée d'un univers en évolution. Quand, plusieurs années plus tard, Edwin Hubble découvre le mouvement d'expansion de l'univers, Einstein retire sa proposition.

Ce retrait du grand physicien ne réglait pas pour autant le problème de la constante cosmologique. Peut-on l'ignorer totalement ou encore la supposer nulle ? Aucun argument ne pourrait justifier un tel choix, aussi arbitraire en somme que celui d'Einstein. La vraie question se pose de la façon suivante : ce terme mathématique correspond-il à une réalité physique ?

Son effet sur le cosmos serait équivalent à celui d'une nouvelle force, répulsive ou attractive selon son signe. Existe-t-il un phénomène physique qui pourrait effectivement jouer ce rôle et provoquer un tel effet ? Et quelle pourrait en être la nature ? De toute façon, l'observation du mouvement des galaxies nous a montré que, si une telle force existe, son intensité est très faible. Elle ne joue certainement pas un rôle majeur dans le comportement présent de l'univers.

Récemment, une nouvelle technique a été utilisée pour assigner une limite à la valeur possible de la constante cosmologique. La découverte de « mirages gravitationnels » provoqués par des galaxies lointaines (*DNC*, p. 80) peut, en principe, nous renseigner sur la géométrie de l'univers et indirectement donc sur la constante cosmologique. Les données actuelles nous le confirment : son effet sur le mouvement des galaxies est certainement très faible sinon inexistant.

Le problème de l'âge de l'univers

On mesure la distance et la vitesse d'éloignement d'une galaxie. Supposant qu'elle a toujours eu cette vitesse, combien de temps lui a-t-il fallu pour parcourir cette distance ? La réponse à

L'énigme de la constante cosmologique

cette question donne une estimation simple mais approximative de l'âge de l'univers. Approximative parce que rien ne nous permet d'affirmer que la vitesse a toujours été la même ! Les premières mesures des distances galactiques, au début des années trente, étaient entachées d'importantes erreurs. Elles étaient dix fois trop courtes. L'âge du cosmos, calculé à partir de ces données, était d'à peine deux milliards d'années, largement inférieur à celui de la Terre ! Notre planète ne pouvait tout de même pas être plus vieille que le cosmos ! Comment résoudre ce paradoxe ?

L'hypothèse d'une constante cosmologique négative pouvait y aider. Agissant comme une force attractive, elle aurait pu ralentir l'expansion et donc prolonger l'âge calculé du cosmos. En lui donnant une valeur appropriée, on pouvait lever la difficulté. On fit à nouveau appel à ses bons services pour réconcilier la théorie et l'observation.

Peine perdue. De nouvelles techniques permirent une évaluation corrigée de la distance des galaxies et donc de l'âge estimé de l'univers. Il passa successivement à quatre milliards d'années (vers 1950) puis à une valeur voisine de quinze milliards d'années après 1960. Plus de problèmes avec l'âge des planètes. La constante cosmologique perdait à nouveau son emploi.

Les mesures les plus récentes de la constante de Hubble ont été présentées au premier chapitre de ce livre. L'âge estimé à partir de cette méthode approximative (environ douze milliards d'années) est comparable à celui des plus vieilles étoiles. Certains chercheurs le trouvent un peu court. D'où la tentation de faire à nouveau appel à la constante cosmologique ; elle pourrait donner une « rallonge » de trois à quatre milliards d'années. Mais les incertitudes sur ces mesures sont encore grandes et la prudence s'impose.

La Première Seconde

La constante cosmologique et la physique quantique

Résumons-nous. Selon la relativité d'Einstein, la matière du cosmos engendre une courbure de l'espace*. Les observations astronomiques, directes et indirectes, montrent, d'une part, qu'il y a « peu » de matière dans l'univers (*DNC*, p. 82), et, d'autre part, que la courbure est certainement faible (si elle n'est pas nulle ; *DNC*, p. 87). Jusque-là, tout semble bien concorder.

Les champs scalaires et les « vides quantiques »

Comme dans le cas des monopôles (chap. 4), c'est la physique moderne qui va nous poser des problèmes. La physique quantique, on l'a dit avec raison, est une grande « pollueuse » de l'espace. Pour comprendre et interpréter correctement les phénomènes de hautes énergies, observés avec les accélérateurs, il nous faut maintenant nous familiariser avec les notions de « champ » et de « vide » quantiques.

Dans la chambre où j'écris ces lignes, la température n'est pas la même partout. Il fait plus chaud près du plafond que près du plancher. Je pourrais, avec un thermomètre, mesurer la température en chaque point. L'ensemble des nombres ainsi obtenus s'appelle un « champ de température ». De même, dans une rivière turbulente, la vitesse de l'eau varie d'un point à l'autre. L'ensemble des chiffres qui décrivent les vitesses en chaque point forme le « champ de vitesse ».

Il y a une différence importante entre ces deux champs. Pour le premier, chaque point de l'espace est décrit par un seul nombre : la température en degrés ; par exemple, 27 degrés Celsius. Pour la vitesse, il faut donner non seulement l'intensité (en kilomètres par seconde) mais aussi la direction du courant. Il faut trois chiffres.

L'énigme de la constante cosmologique

Dans le premier cas, on parle d'un *champ scalaire*. Dans le second cas, d'un *champ vectoriel**. Il y a également des champs tensoriels* (neuf chiffres) et des champs spinoriels* (deux chiffres).

En physique quantique, la notion de champ prend une connotation particulière. La lumière, par exemple, est décrite à la fois en termes de particules (les photons) et d'un champ vectoriel, le champ électromagnétique. Chaque variété de particules du cosmos (photons, électrons, neutrinos, quarks, etc.) a son champ associé. Les photons, les W et Z et les gluons, de spin unité, ont des champs vectoriels. Les pions ont des champs scalaires. Les électrons, neutrinos et quarks, de spin 1/2, ont des champs spinoriels. Ces champs ne sont pas confinés à un volume donné ; ils occupent *tout* l'espace. Ils sont uniformément répartis dans le cosmos.

A ces champs sont associées de vastes quantités d'énergie inconnues avant la découverte de la physique quantique. Il faut chercher à évaluer leurs effets sur l'expansion du cosmos. Le cosmologiste ne peut pas ignorer les acquis nouveaux de la recherche de laboratoire. Il doit forcément les intégrer dans sa vision du monde.

Passons maintenant à la notion de vide quantique. Traditionnellement, « faire le vide » dans un volume donné consiste à enlever tout ce qu'il contient : masses et énergies. Même si une évacuation complète est impossible en pratique, elle est – du moins le croit-on – théoriquement possible. Jusqu'au début du XXe siècle, les physiciens pensent savoir de quoi ils parlent quand ils emploient le mot « vide ». Pour eux, le vide est *vraiment* vide.

L'énergie d'un champ quantique dans un volume donné dépend du nombre de particules qu'il contient. Plus il y a de photons, plus l'énergie du champ électromagnétique est élevée. Attention, ici nous touchons le cœur de notre sujet difficile : *même quand le champ contient « zéro » particule, son énergie n'est pas nulle !* Il y a une énergie résiduelle qu'on ne peut pas extraire. C'est de telles énergies qu'il sera beaucoup question maintenant. Chacun des champs associés aux particules ordinaires de la physique contribue ainsi à ce qu'on appelle les « énergies du vide ».

La Première Seconde

Comment pouvons-nous vérifier leurs existences ? Elles se manifestent indirectement par des effets subtils. Dans le cas du champ électromagnétique, par exemple, l'énergie résiduelle influence d'une façon mesurable la structure des atomes [30].

De surcroît, pour rendre compte de certains phénomènes de la physique des hautes énergies, de nouveaux champs de type scalaire ont été introduits par les physiciens. L'unification électrofaible et la grande unification exigent chacune la présence d'un champ scalaire spécifique. Une particule de spin nul leur est associée.

Comme les champs des particules ordinaires, ces champs possèdent de très grandes densités d'énergie. Pourtant, on a mis beaucoup de temps à reconnaître leur existence. Pourquoi ?

Une comparaison nous aidera à comprendre. Un navigateur sur l'eau est aux prises avec les vagues, c'est-à-dire avec les irrégularités de la surface de l'eau. La profondeur de la mer, pourvu qu'elle soit suffisante, ne lui cause aucun souci. Peu lui chaut de savoir si elle est de cinq cents mètres ou de trois kilomètres. En fait, elle lui est imperceptible...

De même, nos appareils électroménagers ne sont sensibles qu'à la *différence* de potentiel (220 volts) entre les bornes du secteur. Ajouter partout le même potentiel ne changerait pas leur comportement. D'une façon analogue, l'existence de champs scalaires homogènes dans l'espace ne se signale pas d'une façon évidente. Seuls des effets extrêmement subtils permettent de les découvrir [31].

En quoi ces « champs scalaires » intéressent-ils la cosmologie ? Même si leurs manifestations en laboratoire sont minimes, ils sont susceptibles de jouer un rôle cosmologique considérable. Selon le principe de relativité, leurs énergies (comme toutes les énergies) influencent la géométrie du cosmos. Mais d'une façon spéciale. Alors que la matière ordinaire décélère l'expansion, ces champs, à l'inverse, l'accélèrent, jouant ainsi le rôle d'une force de répulsion. Ce comportement fait appel à des notions trop difficiles pour la piste verte. Il sera explicité dans la piste rouge.

L'énigme de la constante cosmologique

Rappelons que, dans le cadre de la théorie du Big Bang, une constante cosmologique positive a précisément le même effet! Elle va trouver ici un nouvel emploi : représenter la somme de toutes les « énergies du vide ». Voilà le nouveau rôle que la cosmologie va lui assigner. Sans le deviner, Einstein, par sa « bévue », avait préparé la niche cosmologique des champs scalaires.

Une crise majeure pour la physique et la cosmologie

Quel est l'effet de ces énergies sur le cosmos, peut-on l'évaluer avec précision? Malheureusement, non. Trop d'inconnues parsèment encore la physique moderne pour permettre un calcul crédible. On ne peut effectuer que de vagues estimations fondées sur des hypothèses hautement simplificatrices. On obtient alors des valeurs gigantesques, inacceptablement élevées. Quelque chose nous échappe et ce « quelque chose » est énorme...

La force de répulsion résultant de l'effet combiné de toutes ces énergies − si on prenait ces estimations au sérieux − devrait être prodigieuse. Le rayon de courbure* de l'espace mesurerait à peine quelques centimètres! L'image de votre bras tendu devant vous en serait profondément déformée! Rien à voir avec le cosmos que nous habitons...

Comment résoudre ce paradoxe? Une seule possibilité : supposer que les effets de ces champs se compensent presque exactement pour donner un résultat quasi nul. Cela impliquerait un réglage fin d'une précision extravagante : une partie pour 10^{50}! Mais pourquoi en serait-il ainsi? Quel principe encore inconnu imposerait cette stupéfiante compensation? Cette extraordinaire « coïncidence » pose un problème majeur à la physique et à l'astronomie contemporaines.

La Première Seconde

Les messages de la lumière

Les coïncidences sont souvent instructives. Il ne faut pas les traiter légèrement. L'histoire des sciences nous en donne de nombreuses illustrations. En voici quelques exemples célèbres.
Deux objets de masses différentes tombent exactement à la même vitesse. Pourquoi ? On pourrait imaginer que plus un objet est massif, plus la Terre l'attire et plus il tombe vite. Depuis Galilée, les physiciens s'interrogent sur la coïncidence entre la masse gravitationnelle (par laquelle les objets sont attirés vers la Terre) et la masse inertielle (par laquelle ils résistent à l'accélération). Pourquoi ont-elles exactement la même valeur ? Cette interrogation est le point de départ de la théorie de la relativité générale.
Tout au long du XIXe siècle, les physiciens élucident progressivement les mystères du magnétisme et de l'électricité. Ils notent alors une coïncidence des plus curieuses. Les nombres qui caractérisent les phénomènes magnétiques, d'une part, et électriques, d'autre part, peuvent se composer, comme les pièces d'un puzzle, pour donner un nouveau nombre : la vitesse de la lumière ! Pur incident numérologique, ou indice d'une relation plus profonde ? Le génie de Maxwell fut de comprendre que cette coïncidence indiquait, en fait, une relation intime entre la lumière et les forces électrique et magnétique. De là est née la théorie électromagnétique de la lumière.
Ces exemples illustrent bien la fécondité des crises et coïncidences en physique. La solution de l'énigme de la constante cosmologique entraînera-t-elle un remaniement scientifique majeur ? Notre vision cosmologique pourrait en être bouleversée. Et les énigmes décrites au chapitre 10 des *DNC* trouveraient peut-être des interprétations tout à fait différentes. Mais, pour l'instant, aucune solution acceptable du problème de la constante cosmologique ne se profile à l'horizon.

5R. Le problème de la constante cosmologique

[piste rouge: ⚠]

Rappelons l'équation fondamentale de la théorie de la relativité générale :

(1) $$G_{\mu\nu} = 8\pi G T_{\mu\nu}.$$

Le membre de gauche $G_{\mu\nu}$ est un tenseur décrivant la géométrie de l'espace. Le membre de droite $T_{\mu\nu}$ est le tenseur énergie-quantité de mouvement (EQM) représentant la matière et les énergies « ordinaires » du cosmos. Pour incorporer les densités d'énergie des champs associées aux particules du cosmos, $\Sigma \rho_q$, on ajoute leurs tenseurs EQM (*PS*, p. 101) :

(2) $$T^*_{\mu\nu} = \Lambda g_{\mu\nu} = \Sigma \rho_q g_{\mu\nu}$$

où Λ est la constante cosmologique.

(3) $$G_{\mu\nu} = 8\pi G T_{\mu\nu} + \Lambda g_{\mu\nu}.$$

Dans le cas d'un espace homogène, l'équation dynamique du Big Bang devient :

(4) $$H^2 = \frac{(dR/dt)^2}{R^2} = \frac{8\pi G \rho}{3} - \frac{k}{R^2} + \frac{\Lambda}{3}.$$

Notons que ces densités correspondent à une valeur positive de Λ, qui, selon le modèle newtonien (*DNC*, p. 94), joue le rôle d'une force répulsive dans la dynamique de l'expansion.

La Première Seconde

 Les observations nous permettent d'estimer approximativement la constante de Hubble H, et de donner des limites supérieures à la densité de la matière ordinaire ρ et au terme de courbure k/R^2 (*DNC*, p. 115). L'équation donne alors une limite supérieure à la densité d'énergie des champs scalaires en termes de la densité critique ρ_c :

(5) $\qquad\qquad (\Sigma\rho_q/8\pi G)/\rho_c < 1.$

Comparons cette limite supérieure avec ce que la physique quantique semble demander pour le terme $\Sigma\rho_q$.

Prenons d'abord le cas des particules « habituelles » de la physique : photons, électrons, etc. En théorie quantique, le champ associé à une particule de masse m est représenté par un ensemble infini d'oscillateurs localisés en chaque point de l'espace, avec toutes les fréquences possibles. Considérons séparément les bosons et les fermions.

Le hamiltonien* des bosons peut s'écrire sous la forme :

(6) $\qquad\qquad H = \Sigma\omega_k(\bar{a}_k a_k + 1/2)$

où $\omega_k = 2(k^2 + m^2)^{1/2}$ est la fréquence de l'oscillateur k ; $\bar{a}_k$ et a_k sont les opérateurs d'annihilation et de création d'une particule de vecteur d'onde k. Pour les bosons, les opérateurs $\bar{a}_k$ et $a_{k'}$ « commutent » si k n'égale pas k'.

Le terme (+ 1/2) dans la somme rappelle que chaque oscillateur possède dans son état fondamental (le « vide », dans lequel il n'y a pas de particules) une énergie résiduelle $E = \omega_k/2$. La densité d'énergie de l'état fondamental (dite énergie du vide) est alors donnée par :

(7) $\qquad\qquad \rho\text{ (bosons)} = \Sigma(\omega_k/2) = \text{infini}.$

L'expression de l'hamiltonien des fermions est différente :

(8) $\qquad\qquad H = \Sigma\omega_k(\bar{a}_k a_k - 1/2).$

Le signe négatif vient du fait que pour les fermions les opérateurs $\bar{a}_k$ et a_k « anticommutent ».

En conséquence, la contribution des fermions à l'énergie du

Le problème de la constante cosmologique

vide est de signe contraire à celle des bosons. Si les distributions de masse des fermions et des bosons étaient les mêmes, les deux contributions s'annuleraient exactement et la somme serait nulle ! Malheureusement, les bosons et les fermions n'ont pas les mêmes masses !

Selon la théorie dite de la « supersymétrie* », bosons et fermions peuvent se transformer les uns dans les autres, comme les électrons et les neutrinos dans la théorie de l'unification électrofaible. Comme cette dernière, la supersymétrie est fortement « brisée » dans notre monde. Cette brisure serait caractérisée par une échelle de masse d'environ 10^3 GeV. Si tel est le cas, il y a compensation partielle des énergies des bosons et des fermions « habituels ». La somme des contributions donne une densité d'énergie :

(9) $\quad \rho \text{ (bosons + fermions)} \approx (10^3 \text{GeV})^4.$

Rappelons que la densité critique correspond à $\approx (10^{-2} \text{ eV})^4$.

Contributions des champs scalaires d'unifications

En plus de l'évaluation précédente relative aux champs des particules habituelles, il faut encore ajouter les contributions des champs scalaires décrits auparavant.

La masse de la particule de Higgs de l'unification électrofaible est encore mal connue ; elle devrait se situer au voisinage de 10^{11} eV. La densité d'énergie du champ correspondant est de l'ordre de $(10^{11} \text{ eV} = 10^{15} \text{ K})^4$ soit environ 10^{54} fois la densité critique. Cette densité d'énergie représente, en fait, la différence entre son état de « faux » vide à haute température (symétrique) et son état de « vrai » vide à basse température. L'énergie résiduelle du « vrai vide » nous est inconnue.

La grande unification est encore plus exigeante. L'énergie émise au moment de la transition est cette fois 10^{112} fois plus éle-

La Première Seconde

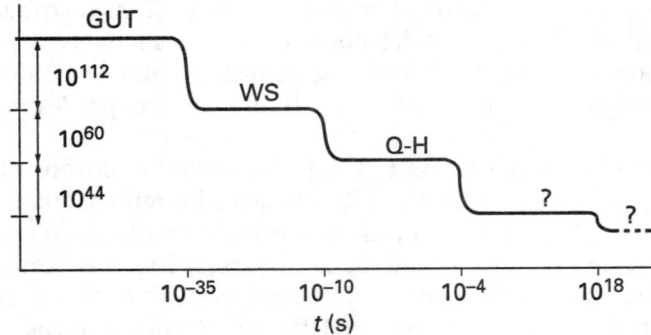

Figure 5R A. Variation de la somme des densités d'énergie des champs scalaires. Ces densités sont associées aux transitions de phase. Deux transitions de phase nous sont connues avec quelque certitude : la transition électrofaible (W-S) vers 100 GeV et la transition quark-hadron (Q-H) vers 150 MeV. A la fin de chacune, la somme décroît de la densité d'énergie correspondante. La transition de grande unification GUT (autour de 10^{15} GeV) est encore bien mal connue. Il n'est pas impossible que d'autres transitions se soient produites ou se produisent à l'avenir. On n'a pas inscrit dans ce diagramme les hypothétiques transitions à la température de Planck.

vée que la densité critique ! La transition quark-hadron, à une température de 10^8 eV = 10^{12} K, implique une différence de densité d'énergie 10^{44} fois plus élevée que la densité critique. Les valeurs des énergies résiduelles nous échappent également.

L'équation (5) indique une limite supérieure à la somme de ces nombres. Ils semblent se coordonner pour donner à la constante cosmologique contemporaine une valeur comparable ou inférieure à la densité critique.

C'est la démesure entre ces nombres qui est étonnante. On hésite à y voir une simple coïncidence, sans causalité profonde. On soupçonne que ce résultat porte en lui un message que l'on aimerait bien déchiffrer !

6. L'ère de Planck

Ouf... quel parcours ! Résumons-nous avant de reprendre notre route vers l'enfer.

Tout au long de ces pages, nous avons identifié un certain nombre de fossiles cosmologiques. Ils nous ont livré leurs messages. L'univers était à trois mille degrés, il y a quinze milliards d'années ; à dix milliards de degrés (10^{10} K) un million d'années plus tôt, et, peut-être, à 10^{28} K quelques minutes auparavant.

Et avant ? Les fossiles ne manquent pas, mais nous ne savons pas les interpréter. Aux températures plus élevées, la situation se détériore rapidement. A la borne fatidique de 10^{32} K – la température de Planck –, rien ne va plus. Notre physique ne fonctionne plus. Le comportement de la matière dans des conditions aussi extrêmes nous échappe complètement. Pis, même nos notions traditionnelles y perdent leur sens. Nous touchons aux limites de la connaissance physique contemporaine. Quelques mots d'abord sur la genèse de ce drame.

Une jonction qui se fait attendre

Les grands progrès de la physique théorique se manifestent souvent en termes de synthèse de domaines différents. Le chapitre 4, sur l'unification des forces, nous en a fourni plusieurs exemples.

La Première Seconde

Nous possédons, en physique, deux grandes théories à succès : la physique quantique, d'une part, et, d'autre part, la théorie de la relativité générale.
Chacune fait merveille dans son domaine propre. La physique quantique est parfaitement adaptée à l'étude des rayonnements, des atomes et de leurs interactions. La science contemporaine se présente comme un ensemble de théories de champs, applicables à trois des grandes interactions : électromagnétique, nucléaire, faible. Son pouvoir prédictif est immense mais pas universel. Cette théorie est pour l'instant incapable de décrire le comportement de particules immergées dans un champ de gravité intense.
La théorie de la relativité générale, à l'inverse, décrit avec une grande précision l'effet des champs de gravité sur le comportement de la matière. Mais elle ne sait pas prendre en charge les acquis de la physique quantique. Elle ignore tout des champs et de la dualité onde-particule, et chez elle le « vide » est vraiment vide…

Localisations

Ces limitations respectives des deux théories n'ont généralement pas beaucoup d'importance pratique. Pourtant, en certains cas, les manques se font cruellement sentir. Les premiers instants de l'univers en sont l'exemple le plus spectaculaire.
L'approche de la température de Planck nous amène à des densités et des gravités extraordinairement élevées. Comment se comporte la matière dans de telles conditions ? Nos deux théories, si efficaces dans leur domaine, entrent ici en conflit et se contredisent.
Tout tourne autour de la notion de *localisation*. La physique quantique limite notre aptitude à assigner aux objets une position exacte. A chaque particule, elle impose un volume minimal de localisation. La localisation d'un électron, par exemple, ne peut pas être définie à mieux d'environ trois cents fermis (à peu près

L'ère de Planck

un centième du rayon de l'atome d'hydrogène). Plus un objet est massif, plus la dimension de ce volume minimal est faible. On peut localiser un proton dans une sphère d'un dixième de fermi, mais pas mieux. Pour une balle de tennis, la longueur correspondante serait de 10^{-25} centimètre, complètement négligeable[32]...

La relativité générale s'intéresse également au problème du lieu des objets. La gravité qu'exerce un corps sur lui-même a tendance à le confiner dans un espace restreint. Le cas limite est celui du trou noir*. Il possède un champ de gravité si intense que rien, pas même la lumière, ne peut s'en échapper. La masse dont il est constitué est, selon cette théorie, *irrémédiablement confinée* à l'intérieur de sa surface.

Notons la différence de discours entre ces deux domaines de connaissance. L'un *délocalise* tandis que l'autre *localise*. En général, cette différence ne pose pas de problème : la physique quantique s'intéresse surtout aux atomes et la relativité aux astres. Chacune ses plates-bandes.

Mais ces plates-bandes ont une frontière commune et c'est là que les difficultés commencent. On y trouve des objets théoriques de masse intermédiaire entre celle des atomes et celle des astres : les particules de Planck. Leur masse est à peu près celle d'un grain de sable fin : 20 microgrammes. Elle équivaut à une énergie de 10^{28} eV ou encore à une température de 10^{32} K. C'est la « température de Planck ».

On demande d'abord à la relativité générale : quel est le rayon dans lequel on doit confiner cette masse pour qu'elle devienne un trou noir ? Réponse : 10^{-33} centimètre, soit un cent-milliardième de milliardième de la dimension du proton ! Cette dimension porte le nom de « rayon de Planck ». La densité serait de 10^{94} grammes par centimètre cube ! D'un tel objet comprimé dans un rayon aussi infime, la relativité générale nous affirme que rien ne peut s'échapper.

Même question à la physique quantique : quel est le rayon minimal de localisation d'un tel objet ? Réponse : à nouveau

La Première Seconde

10^{-33} centimètre ! Selon cette théorie, au cours d'une expérience (hypothétique !), on le trouverait fréquemment hors de ce volume. Les deux discours sont contradictoires [33] !

On demande un nouveau Dirac

Au début du siècle, Albert Einstein publie en deux versions le résultat de ses réflexions sur la nature du mouvement. La première (1905) porte sur le temps, l'espace et la vitesse. Elle ne touche pas à la force de gravité. C'est cette première version, dite « restreinte », que Dirac en 1928 combine avec la physique quantique pour obtenir sa célèbre équation (chap. 2).

Personne, depuis cette période, n'a réussi le même exploit avec la seconde version de la relativité (1915), celle qui inclut l'effet de l'attraction gravifique. Aucun Dirac ne nous a appris à décrire le comportement des particules quantiques dans un champ de gravité intense. Et c'est là tout le problème.

Aux approches de 10^{32} K, des paires de particules-antiparticules de Planck apparaissent et disparaissent continuellement, comme plus tard les paires d'électrons-positrons. Ces particules massives transforment d'une façon chaotique la géométrie du cosmos. Le « tissu » d'espace-temps se déforme sans arrêt !

Dans ces conditions, les lois de la physique sont devenues inutilisables. Comment décrire le comportement de la matière quand les mots « avant » et « après » ne peuvent plus être définis ?...

La frontière actuelle de la connaissance

Ces discours incohérents entre la physique quantique et la relativité nous signalent les limites de la science actuelle. A ce jour, malgré d'immenses efforts, aucune théorie physique n'est en

L'ère de Planck

mesure de décrire le comportement de l'univers au voisinage du « mur de Planck ». C'est la frontière que rencontre l'astrophysicien-historien du cosmos. Impossible pour l'instant d'aller plus loin dans l'exploration du passé de l'univers. Les mots « température », « énergie » « masse », « vitesse », « temps », « espace » – le vocabulaire chéri du physicien, sans lequel il se sent nu – y ont perdu leur sens. On comprend que la question perfide « qu'est-ce qu'il y avait avant ? » laisse le cosmologiste muet. Il ne sait même plus ce que, dans ces circonstances, le mot « avant » peut bien vouloir dire...

C'est cette difficulté qu'il faut avoir à l'esprit quand on se demande si la physique contemporaine a quelque chose à dire sur la question de la « création du monde » ou des « premiers temps » de l'univers !

Quand la température descend en dessous de la température de Planck, la notion de « temps » prend progressivement son sens. On peut alors parler des « premiers temps de l'univers ». Non pas dans l'optique de ce qui succéderait à un mythique « temps zéro », mais dans l'idée que le concept de temps devient alors utilisable.

Il n'est pas exclu, bien sûr, que les recherches présentes en physique des hautes énergies puissent redonner au temps et à l'espace leur rôle conventionnel, même dans cet état extrême. La question « qu'est-ce qu'il y avait avant ? » retrouverait alors son sens traditionnel. De nouveaux pas en arrière, vers des frontières encore plus reculées, deviendraient possibles. La physique est une démarche en progrès, dont les résultats sont largement imprévisibles. Il ne faut jamais dire : « Fontaine, je ne boirai pas de ton eau ! »

Au-delà de l'espace et du temps ?

Ces difficultés ont amené le physicien à se pencher à nouveau sur les notions les plus familières, les plus « évidentes », pour les questionner, dans l'espoir de trouver quelque voie nouvelle. Il

La Première Seconde

> ### Relevé de terrain
>
> Nos fossiles nous ont amenés à la conclusion que l'univers, dans le passé, a été très chaud. Au moins dix milliards de degrés pour la nucléosynthèse primordiale et peut-être 10^{28} degrés pour la démographie photonique et la rareté d'antimatière actuelle. L'état présent de la théorie physique nous apprend que notre ultime horizon se situe autour de 10^{32} degrés. De ce qu'il y aurait « au-delà » en température, ou « avant » dans le temps, nous ne pouvons rien dire. Les prétentions relatives à une explication de la « création » ou de « pourquoi il y a quelque chose plutôt que rien » doivent être remplacées par un constat pur et simple d'ignorance (provisoire…). Aujourd'hui, nous sommes enlisés dans les marécages des incohérences internes de la physique. Mais nous n'avons pas perdu l'espoir d'en sortir.

reconnaît que, jusqu'ici, il s'est souvent contenté de représentations simplistes sur lesquelles il convient de revenir.

Prenons le « temps », par exemple. Chacun dans sa vie quotidienne est en contact avec la nature profondément mystérieuse de cette réalité. D'innombrables auteurs, romanciers, philosophes et poètes en ont parlé abondamment sans jamais épuiser le sujet. Il y a toujours plus à dire…

De cet épais et mouvant tissu dans lequel s'inscrivent nos vies, le physicien ne garde traditionnellement que la plus mince trame. Le temps, pour lui, n'est rien d'autre qu'une suite d'instants numérotables, à l'image des oscillations d'un métronome. Ces instants sont divisibles en unités aussi petites que l'on veut. A la limite, il dirait que le temps « passe » successivement par une infinité d'instants de durée nulle. Le « présent » est comme un point qui se déplace sur une droite : derrière lui le passé ; devant lui

L'ère de Planck

l'avenir. Le temps transforme, de façon continue, l'avenir en passé.
L'espace à trois dimensions qui nous héberge est analysé d'une façon analogue. Chaque volume d'espace est, pour le physicien, indéfiniment divisible. A la limite, il s'agit, là aussi, d'une infinité de points juxtaposés.
Un objet en mouvement se déplace dans l'espace. A chaque instant, son centre de gravité occupe un point de l'espace et l'ensemble de ces points forme une ligne continue : sa trajectoire. Par exemple, l'orbite elliptique de la Terre autour du Soleil, ou la parabole décrite par la flèche de l'archer. Ces idées ont trouvé leur expression mathématique chez Descartes.
Toute la physique, depuis Galilée jusqu'à Einstein, repose sur cette imagerie. Rien n'en garantit *a priori* la justesse. Comme toujours en science, cette démarche a trouvé sa justification *a posteriori*. Les succès de l'astronomie newtonienne l'ont imposée. Le retour de la comète de Halley en 1758, tel que prévu en 1705 par l'astronome Edmund Halley, en a confirmé la pertinence.

La physique quantique reprend, avec le succès qu'on lui connaît, cette vision de l'espace-temps. Pourtant, plusieurs éléments laissent percevoir les limitations de cette conception du monde. Nous avons décrit les conflits que rencontrent la physique quantique et la relativité générale à l'échelle de la longueur de Planck (10^{-33} centimètre) ou du temps de Planck (10^{-43} seconde)[34].

Une théorie ambitieuse

Face aux obstacles qui paralysent les progrès de la physique et de l'astrophysique, une révision majeure des notions habituelles de l'espace-temps semble s'imposer aujourd'hui. Une théorie hautement prometteuse – celle des « supercordes » – s'est donné cet objectif.
Cette théorie prétend pouvoir résoudre pratiquement tous les

La Première Seconde

problèmes de la physique contemporaine. Elle rendrait compte de l'existence des quatre forces et de leurs propriétés en les « unifiant » à la température de Planck (une véritable « grande unification »). Toutes les difficultés numériques y seraient résolues.

Cette super-unification se ferait dans un cadre où la gravité aurait trouvé son expression quantique, c'est-à-dire où la physique quantique et la théorie de la relativité générale seraient enfin réconciliées. Elle résoudrait les énigmes du cosmos et éluciderait les difficultés posées par la constante cosmologique. Ce cadre permettrait de comprendre l'origine même du temps et de l'espace tels que nous les connaissons ! Enivrés par les promesses de cette théorie, certains chercheurs l'ont baptisée la « théorie du tout ». Ils n'ont pas hésité à voir en elle la « fin de la physique ».

L'intuition de Pythagore

Pour en saisir l'essence, il convient d'évoquer d'abord une corde de violon. Sous l'archet du violoniste, ses vibrations donnent naissance à une note de musique de fréquence bien déterminée. Si on la pince au milieu, on obtient une fréquence deux fois plus élevée, soit une octave. Ainsi, comme le philosophe grec Pythagore en avait eu l'intuition, un ensemble d'harmoniques est émis à partir d'une seule corde. Ce spectre de sons est associé à la corde dans son ensemble selon sa longueur et la tension qu'on lui a imprimée.

La théorie des supercordes fait appel à des notions analogues. Les éléments fondamentaux de la physique ne sont plus des particules ponctuelles mais des objets d'une certaine longueur (mais sans largeur et sans épaisseur). Des êtres à une seule dimension : environ 10^{-33} centimètre (la longueur de Planck), de masse nulle, capables de vibrer à différentes fréquences, comme les cordes d'un violon. Les particules de la physique sont les différents « sons » de ces cordes. Chacune est associée à une harmonique particulière.

Ces supercordes existeraient en variétés ouvertes avec extrémités libres, ou bouclées sur elles-mêmes. Se mouvant dans

L'ère de Planck

l'espace, il leur arrive de se rejoindre, de s'associer ou de se dissocier. Chacun de ces événements correspond à une interaction entre certaines particules de la physique traditionnelle. Tous les cas de figure décrits à la page 144 des *DNC* s'y retrouvent.

L'analogie entre les cordes vibrantes de Pythagore et les supercordes des physiciens ne va pas plus loin. Les supercordes ne se situent pas dans l'espace-temps comme les cordes d'un violon. Elles *constituent elles-mêmes la géométrie* dont l'espace et le temps émergent. En ce sens, elles sont « avant » le temps et l'espace et pourraient avoir beaucoup à dire sur le Big Bang et l'origine du cosmos. Tel est du moins l'espoir des théoriciens...

Un pont qui n'arrive pas à se construire

Quelle est la situation de la théorie des supercordes aujourd'hui ? Après plus de deux décennies d'efforts conjoints de centaines de mathématiciens et de physiciens, il faut reconnaître que la moisson n'est pas terrible... Non pas que la théorie ait été prise en défaut, elle trône toujours, distante et pure, sur un Olympe aérien. Mais l'arrivée sur la Terre du Messie-sauveur-de-la-physique se fait attendre. Le passage obligé des axiomes abstraits aux réponses concrètes à des problèmes précis se révèle beaucoup plus difficile que prévu.

Dimensions supplémentaires

La théorie des supercordes fait intervenir un nombre de dimensions supérieur à celui qui nous est familier. Dans une version de cette théorie, il y a *neuf* dimensions spatiales et une de temps.

Pourquoi neuf et une ? Ces nombres ne sont pas choisis arbitrairement. Il s'agit d'éviter certaines difficultés mathématiques qui apparaissent automatiquement dans d'autres combinaisons.

On retrouve ici un aspect important de la physique contemporaine. Une sorte de dialogue entre la physique et les structures

La Première Seconde

mathématiques capables de décrire le monde. On fait l'hypothèse que la nature a « choisi » de se modeler sur des fonctions mathématiques qui présentent des comportements « raisonnables ». C'est-à-dire qui ne donnent pas des résultats aberrants, comme des incohérences ou des probabilités infinies. On utilise cette exigence pour éliminer tout formalisme qui entraînerait de tels excès. Cette démarche constitue un des instruments les plus performants de la recherche contemporaine.

Dans le cadre de la théorie des supercordes, trois des dimensions spatiales auraient entrepris, après le temps de Planck, la longue phase d'expansion universelle qui se poursuit encore aujourd'hui. Les six autres dimensions se seraient rapidement repliées sur elles-mêmes. On évoque souvent ici l'image d'un « spaghetti » qui s'étirerait dans le sens de sa longueur et dont le diamètre se contracterait jusqu'à devenir un long fil apparemment sans épaisseur (figure 6 A).

Ainsi notre monde se serait étendu dans nos trois dimensions familières tandis que les six autres auraient des rayons de cour-

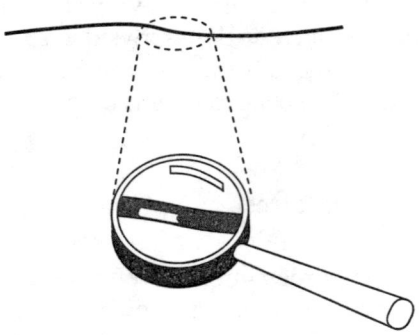

Figure 6 A. Épaisseur d'un fil mince. Un fil très mince peut paraître n'avoir qu'une seule dimension : sa longueur. Un agrandissement à la loupe révélera son épaisseur. Il a trois dimensions dont deux sont « contractées ». Notre univers aurait neuf dimensions spatiales dont six, contractées, ne nous seraient pas directement perceptibles.

L'ère de Planck

bure de l'ordre du rayon de Planck. Pas étonnant que ces dimensions supplémentaires ne se manifestent pas facilement dans notre existence quotidienne...

Pourtant, elles se signaleraient indirectement à notre attention. Selon cette théorie, leurs courbures seraient responsables de l'existence même et de l'intensité des forces de la nature. Rappelons que, dans l'esprit de la relativité générale, c'est la courbure de l'espace qui se manifeste sous la forme de la gravité. Plus la courbure est élevée, plus l'attraction gravifique est intense. Et s'il en était ainsi pour les autres forces de la physique ?

Déjà, vers 1925, deux physiciens – Peter Kaluza et Oscar Klein – proposaient d'élargir ce schéma. Un univers à cinq dimensions expliquerait, selon eux, en termes de courbures, aussi bien la force de gravité que la force électromagnétique. Bien que ce modèle ait été rapidement réfuté, l'idée devait continuer à germer. Aujourd'hui, l'espoir de la théorie des supercordes est d'arriver à montrer que les trois autres forces sont, d'une façon analogue, reliées aux courbures des dimensions compactées[35].

Un univers-fantôme

Les cosmologistes ont beaucoup fantasmé sur un autre élément de cette théorie. Au départ, les quatre forces y sont unifiées en un grand groupe unique. Dans une des versions de la théorie, ce grand groupe possède un frère jumeau qui se développe d'une façon analogue mais indépendante. L'existence de ce groupe jumeau aurait des implications assez fantastiques sur la nature du cosmos. Il imposerait l'idée qu'en parallèle avec notre univers il y aurait un « univers-fantôme » soumis à des forces différentes. La seule force partagée serait la gravité.

Ces univers coexisteraient dans les mêmes lieux tout en s'ignorant complètement, sauf par la force gravitationnelle. En d'autres mots, la pièce où j'écris pourrait être occupée par d'autres personnes vaquant à d'autres occupations ! On se croirait en pleine

La Première Seconde

science-fiction ! Cette possibilité n'a pas été sans émoustiller les chercheurs de « masse manquante ». Et si cet univers-ombre pouvait combler les déficits décrits au chapitre 8 des *DNC* ?

Le physicien, théoricien ou expérimentateur, se nourrit de chiffres. Il veut calculer et comparer ses résultats aux mesures de laboratoire. A l'aune de cette exigence incontournable, la théorie des supercordes présente un maigre bilan. Au-delà de l'élégance des idées et de la puissance des concepts, le physicien guette toujours la moisson promise. Se penchant vers le monde réel, il est confronté à une brochette d'énigmes et de problèmes dont on lui dit qu'ils *sont* résolus, mais dont il attend toujours les solutions. Les années s'écoulent avec la seule vision d'un formalisme mathématique toujours plus difficile. Comment devrait-il réagir devant cette situation paradoxale ?

On a comparé cette théorie à une certaine philosophie scolastique médiévale dans laquelle toutes les réponses aux questions concrètes devaient, en principe, se trouver : inutile de chercher davantage ! Si le pont ne s'établit pas entre la théorie des supercordes et le monde des laboratoires, une telle attitude stérilisante risquerait de s'installer dans le monde de la physique...

Un univers « gratuit »

Les pays inatteignables ont toujours été sources de fantasmes. Derrière le mur de Planck, les théoriciens ont élaboré des scénarios à faire pâlir d'envie les romanciers de science-fiction. En voici quelques exemples.

La physique moderne, rappelons-le, a chahuté le sacro-saint adage « rien ne se perd ; rien ne se crée ». Partout, dans l'étendue du cosmos, des paires de particules, de toutes masses et de toutes espèces, émergent pour s'annihiler rapidement. Comme les abords de la ruche, le vide « bourdonne » en permanence. Cette activité fébrile porte le nom de « fluctuation du vide ». Elle est régie par les principes quantiques.

L'ère de Planck

Et si l'univers tout entier résultait lui-même d'une telle fluctuation ? Si, du « vide primordial », avait surgi, il y a quinze milliards d'années, un cosmos grand format où galaxies, étoiles et planètes habitées auraient pu apparaître ? L'idée de pouvoir « expliquer » la création du cosmos est douce au cœur de l'être humain.

Une objection apparaît immédiatement. Les inégalités de Heisenberg spécifient les conditions des « emprunts » d'énergie. Plus les sommes sont importantes, plus le remboursement doit être rapide. Pour l'univers observable, la durée permise ne se chiffrerait pas en milliards d'années mais en une infime fraction d'une seconde !

Cette objection est-elle sans réponse ? C'est compter sans l'astuce des scientifiques ! Rappelons qu'en cosmologie il faut tenir compte de toutes les formes d'énergie. Les masses sont comptabilisées comme des énergies positives ($E = Mc^2$!) mais l'énergie de gravitation est affectée d'un signe négatif. Dans un univers qui aurait exactement la densité critique (*DNC*, p. 80), la somme des énergies positives serait numériquement égale à l'énergie de gravité. L'énergie totale serait nulle. L'univers pourrait émerger du vide sans aucun emprunt !

Un univers de poupées russes

Dans cette optique, l'astrophysicien Andreï Linde a proposé un scénario particulièrement fascinant. Notre univers ne serait qu'une « bulle » dans un grand univers qui en contiendrait un nombre toujours croissant. Notre « temps de Planck » correspondrait au moment où *notre* monde est né d'une fluctuation quantique dans un autre monde. De la même façon, notre propre cosmos pourrait à son tour enfanter d'autres mondes complètement déconnectés. Les champs scalaires de la physique moderne jouent un rôle fondamental dans ces générations spontanées d'univers.

Comme la « Vache qui rit » des boîtes de fromage, ou comme les poupées russes (matriochkas), ce grand univers se présente

La Première Seconde

comme un ensemble de mondes, englobant d'autres mondes, englobant d'autres mondes, *ad infinitum*. Toutes les échelles se ressemblent. L'univers se perpétue indéfiniment. Ici un monde meurt ; là un autre naît... Ce grand univers n'a pas de fin. Peut-on dire pour autant qu'il n'a pas de début ? Sur ce point litigieux, Andreï Linde ne se prononce pas vraiment [36].

Que penser de ces scénarios grandioses ? Le vrai test, comme toujours en science, porte sur la fertilité de leurs schémas. Proposent-ils de nouvelles observations astronomiques, des expériences de laboratoire ? Entraînent-ils dans leur sillage des intuitions originales ? Donnent-ils accès à de nouveaux pans de la réalité ? Permettent-ils, même indirectement, de comprendre plus et mieux ? L'intérêt qu'on leur accordera dépendra des réponses à ces questions. Sinon ils risquent de demeurer d'aimables sujets pour les discours de banquet à la fin des congrès d'astronomes !

7. Inflation cosmologique

Les derniers chapitres des *DNC* nous ont présenté les difficultés présentes de la théorie du Big Bang. Il ne s'agit pas de désaccords entre les prédictions du modèle et les résultats des observations. L'isotropie du rayonnement fossile, les très faibles valeurs de la courbure de l'espace, de la rotation et de l'entropie du cosmos ne posent pas de véritables problèmes.

On parlerait plus justement d'énigmes. De propriétés cosmiques tout à fait particulières qui attisent notre curiosité. On aimerait comprendre. Sortir du pur arbitraire et injecter un peu de causalité. Le cosmologiste se refuse à admettre que « les choses sont ce qu'elles sont parce qu'elles étaient ce qu'elles étaient ». Il aimerait savoir « pourquoi elles étaient ce qu'elles étaient ».

Une ébauche de réponse existe dans la littérature scientifique. A certains moments de l'histoire cosmique, des « épisodes inflationnaires » auraient eu lieu qui auraient considérablement modifié le cours de l'évolution. Leurs effets pourraient apporter des réponses à nos énigmes. Voyons cela de plus près.

Dans le scénario classique du Big Bang – le scénario dit de Friedmann-Lemaître –, l'histoire thermique de l'univers est simple et monotone : la matière se refroidit régulièrement (figure 7 Aa, p. 142). En parallèle, l'espace s'étire continuellement. Depuis quinze milliards d'années, ces évolutions se poursuivent sans accident de parcours. Le modèle inflationnaire va modifier tout cela.

Chaque épisode comporte deux phases. La première entraîne un refroidissement soudain et rapide de l'univers. La température

La Première Seconde

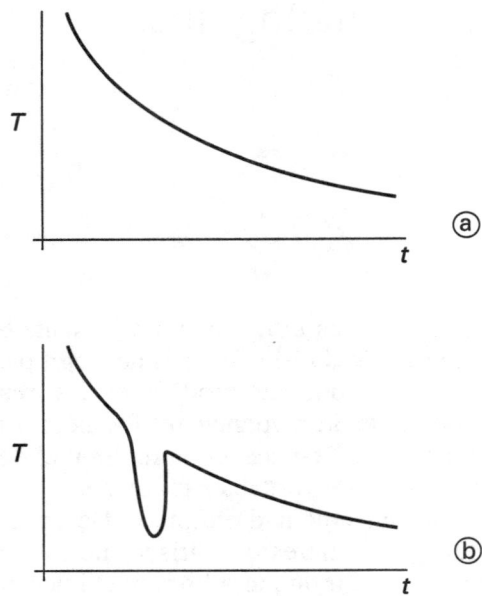

Figures 7 Aa. Évolution de la température dans le scénario de Friedmann-Lemaître (sans inflation).
7 Ab. Évolution de la température dans le scénario inflationnaire.

décroît brusquement, jusqu'à des valeurs extrêmement basses. En même temps, les distances s'accroissent prodigieusement.

L'expansion rapide se termine bientôt et la température remonte pratiquement jusqu'à sa valeur d'avant l'épisode. Cette seconde phase, le « réchauffement », dégage une énergie thermique considérable. La création d'une grande quantité de photons marque la fin de l'épisode inflationnaire. La température et les distances reprennent leur comportement habituel (voir la figure 7 Ab).

De tels épisodes se seraient produits plusieurs fois pendant l'évolution de l'univers. Le dessin montre leur influence sur l'his-

Inflation cosmologique

toire thermique du cosmos. Une séquence de « hoquets » de courte durée provoque des « indentations » dans le cours continu du refroidissement. L'élongation des distances et la multiplication des photons sont les traces laissées par chaque épisode.

La thérapeutique inflationnaire

Commençons par le problème posé par l'isothermie du rayonnement fossile (*DNC*, p. 211). Pourquoi toutes les parties du ciel ont-elles pratiquement la même température[37] ?

Rappelons quelques éléments de la théorie du Big Bang. L'univers observable aujourd'hui s'étend sur plus de quinze milliards d'années-lumière. Il contient environ cent milliards de galaxies comme la nôtre. Dans le passé, cette matière occupait un volume plus restreint. A la température de Planck, toute cette matière était concentrée dans un rayon de quelques millimètres ! La matière de cent milliards de galaxies confinée dans un volume aussi minuscule !

Minuscule certes, mais, à une certaine échelle, beaucoup trop grand ! Le problème vient justement du fait qu'à cette époque la sphère de causalité* était encore beaucoup, beaucoup plus petite ! (Figure 7 Ba, p. 144.) Pendant le temps de Planck, (10^{-43} seconde), la lumière ne peut parcourir que le rayon de Planck (10^{-33} centimètre). Cette distance est un milliard de milliards de milliards de fois trop petite pour expliquer l'homogénéité thermique de l'ensemble du cosmos observable. C'est ainsi que nous pouvons formuler l'énigme de l'isothermie du rayonnement fossile.

L'inflation est toute indiquée pour résoudre ce problème. Reprenons le scénario cosmologique à ses tout débuts. Supposons que, en fait, la matière du cosmos ait été encore beaucoup plus concentrée. Que son volume ait été effectivement inférieur à celui de la sphère causale. Toutes les particules de l'univers observable auraient alors eu, à cette époque lointaine, la possibilité d'interagir. Plus de problème de causalité ! (Voir figure 7 Bb, p. 145.)

La Première Seconde

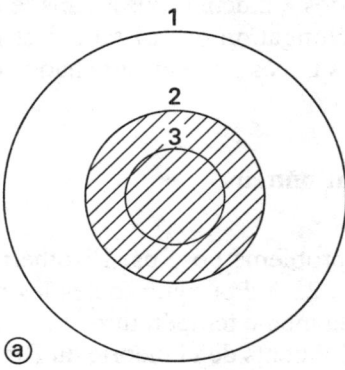

1. Univers observable aujourd'hui
2. Volume occupé par la matière contenue dans l'univers observable aujourd'hui au temps de Planck
3. Horizon au temps de Planck

(L'échelle n'est pas respectée)

Figure 7 Ba. Dimensions dans le scénario ordinaire (sans inflation).
La plus grande sphère (1) représente la dimension contemporaine de l'univers observable.
La deuxième (2), de dimension intermédiaire, décrit le volume occupé, au temps de Planck, par l'ensemble de la matière observable aujourd'hui.
La plus petite sphère (3) donne la dimension de l'horizon au temps de Planck.

Plus tard, un épisode inflationnaire survient, qui accroît prodigieusement toutes les distances dans le cosmos. Après l'épisode, l'univers poursuit son évolution jusqu'aux dimensions présentes, mais l'isothermie du rayonnement fossile ne pose plus problème. La figure 7 Bc illustre la situation.

Inflation cosmologique

Avant l'inflation   Après l'inflation

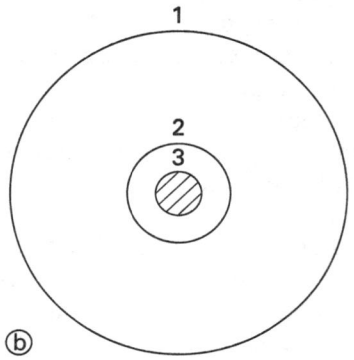
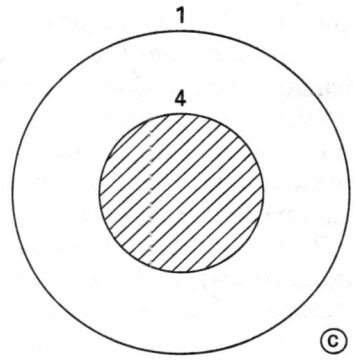

1. Univers observable aujourd'hui
2. Horizon causal au temps de Planck
3. Volume occupé par la matière contenue dans l'univers observable aujourd'hui avant l'inflation

1. Univers observable aujourd'hui
4. Volume occupé par la matière contenue dans l'univers observable aujourd'hui après l'inflation

Figures 7 Bb. Dimensions dans le modèle inflationnaire (avant l'inflation). Cette figure décrit la situation avant l'épisode. La plus grande sphère (1) représente la dimension contemporaine de l'univers observable. La matière de l'univers d'aujourd'hui (3) occupe, au temps de Planck, un espace inclus dans l'horizon au temps de Planck (2).
7 Bc. Dimensions dans le modèle inflationnaire (après l'inflation). Cette figure décrit la situation après l'épisode. La sphère (4) contient la matière de l'univers présent, que l'expansion amènera jusqu'à la dimension (1).

La planéité et la rotation de l'espace

Notre analyse nous a montré (*DNC*, p. 216) que, selon le scénario de Friedmann-Lemaître, l'univers antique devait être parfaitement plan. La géométrie de l'espace ne présentait alors aucune

145

La Première Seconde

courbure. Comment l'inflation peut-elle nous permettre de comprendre cette propriété tout à fait particulière de notre monde antique ? En quoi influence-t-elle la courbure de l'espace ?

Imaginons une fourmi géomètre qui arpente la surface d'un ballon d'enfant. Son déplacement peut lui permettre de sentir et d'évaluer les courbures de la surface. Mais si, gonflant le ballon, on l'amène à une dimension gigantesque, sa surface paraîtra plane à notre fourmi. Impossible pour elle de décider si elle est sur une sphère ou sur un plan !

Transposons cette discussion de la surface du ballon (à deux dimensions) au volume de l'univers (à trois dimensions spatiales). L'épisode inflationnaire augmente toutes les distances associées au cosmos, y compris son rayon de courbure. En conséquence, il « aplanit » l'espace.

Disons-le autrement. Le scénario de Friedmann-Lemaître nous amène à supposer une géométrie initiale extraordinairement plane. Dans le scénario inflationnaire, à l'inverse, aucune hypothèse de ce type n'est requise. La courbure initiale peut avoir à peu près n'importe quelle valeur. Quand l'épisode inflationnaire aura passé son « rouleau compresseur », tout sera nivelé. Après l'inflation, la géométrie de l'espace sera et restera parfaitement plane. Dans un univers sans courbure, les galaxies s'éloignent indéfiniment sans jamais revenir sur elles-mêmes. Cette expansion en constante décélération permet au cosmos de durer extrêmement longtemps. Ce qui explique son très grand âge [38] (*DNC*, p. 218).

L'observation des galaxies lointaines et l'analyse du rayonnement fossile montrent clairement que l'univers n'a pas de rotation (*DNC*, p. 220). Comment l'inflation résout-elle l'énigme de cette « immobilité » du cosmos ?

Évoquons l'image du patineur artistique tournant sur lui-même. En tendant les bras à l'horizontale, il ralentit sa rotation. De même, l'étirement des distances provoqué par l'inflation décélérerait quasiment jusqu'à l'arrêt tout hypothétique mouvement de rotation de l'univers. En d'autres mots, quelle qu'ait été la rotation initiale du cosmos, l'inflation s'est chargée de la freiner. Ne nous étonnons donc pas de son immobilité présente ! (Voir figure 7 C.)

Inflation cosmologique

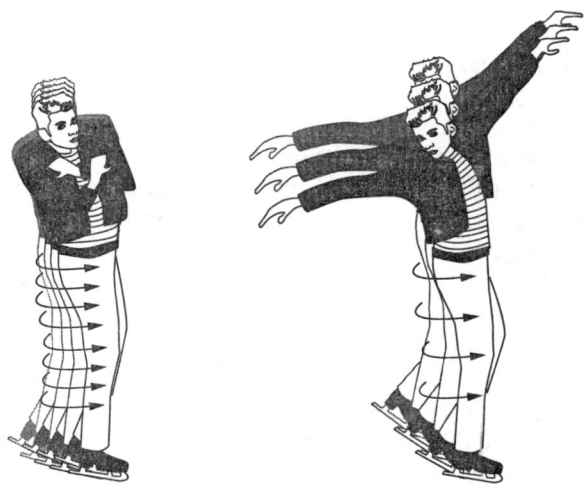

Figure 7 C. Patineur artistique. Le patineur qui étend les bras ralentit sa rotation. L'épisode inflationnaire « immobilise » le cosmos, quelle qu'ait été au départ sa rotation.

Voilà une belle brochette de résultats ! D'un « coup d'inflation », le cosmologiste résout trois énigmes : l'isotropie du rayonnement fossile, la planéité (et l'âge) du cosmos, et l'absence de rotation de la matière universelle. Ces effets curatifs proviennent de la première phase de l'épisode : ils résultent du formidable étirement de toutes les distances.

A la question : « Pourquoi ces paramètres antiques du cosmos étaient-ils si faibles ? », nous avons maintenant une réponse : nous le devons aux épisodes d'inflation. Il n'est plus nécessaire de leur imposer arbitrairement des valeurs initiales extrêmement faibles, l'inflation se charge de les minimiser. En un sens, nous avons réussi notre programme : injecter de la causalité dans le choix des données « initiales » (*DNC*, p. 209). Dans l'optique inflationnaire, il ne s'agit plus de données initiales puisque leurs valeurs résultent de l'épisode inflationnaire.

La Première Seconde

Monopôles et trous noirs primordiaux

Passons maintenant à la seconde phase de l'épisode inflationnaire : le réchauffement. Les nouveaux photons qui s'y produisent auront, à leur tour, de précieux effets curatifs.

L'unification des forces impose, rappelons-le (*PS*, p. 88), la création d'une grande population de monopôles magnétiques. Pourtant, malgré des efforts considérables, ces particules n'ont jamais été détectées. Où se cachent-elles ?

L'inflation arrive encore à point nommé pour résoudre cette difficulté. Une population de monopôles dans un volume donné se retrouve, après l'inflation, dispersée dans un volume beaucoup plus grand. En ce sens, l'inflation « raréfie » les monopôles. Ils sont aujourd'hui si rares qu'on n'arrive plus à les détecter.

Ainsi en est-il d'autres objets encombrants que la physique moderne jette à la tête des astronomes. On peut mentionner plusieurs éléments exotiques liés aux propriétés des champs scalaires. Les monopôles en sont un exemple. Il y a aussi les « cordes cosmiques* » et les « murs domaniaux* ». Nous présenterons au chapitre 8 ces êtres hypothétiques qui ont récemment fait couler beaucoup d'encre.

Venons-en maintenant à l'énigme de la faible valeur de l'entropie initiale du cosmos (*DNC*, p. 220). Cette entropie est proportionnelle à la population de trous noirs primordiaux. Là aussi l'inflation offre ses services. Elle a raréfié les trous noirs comme elle a raréfié les monopôles. Même si leur population avait été très élevée avant l'inflation, après l'épisode leur densité devient extrêmement faible. Ainsi en est-il de l'entropie...

Inflation cosmologique

Surfusions aquatiques et quantiques

Les épisodes d'inflation ne sont pas de pures spéculations. Comme les monopôles, ces événements nous sont imposés par les théories d'unification des forces. Ils naissent du mariage de l'astronomie avec la physique moderne. Mais quels sont les mécanismes physiques qui les provoquent?

Notre imagerie aquatique, décidément bien utile, nous permettra d'y voir un peu plus clair. Le phénomène de surfusion – par lequel un volume d'eau peut temporairement rester liquide en dessous du point de gel – a été évoqué au chapitre 4. Quand la glace, finalement, se forme, l'eau passe d'un état à haute énergie (liquide) à un état de plus basse énergie (solide). La différence d'énergie est dégagée. Si le refroidissement se poursuit, la température descend à nouveau. La courbe de la température de l'eau présente alors un aspect analogue à celui des hoquets thermiques des épisodes inflationnaires.

Un volume de vapeur d'eau, refroidie rapidement à partir d'une température supérieure à 100 degrés Celsius jusqu'à une température inférieure à 0 degré Celsius, présenterait une succession de deux hoquets thermiques; l'un accompagnant la transformation de la vapeur en liquide, au voisinage de 100 °C, et l'autre au moment de la transition liquide-glace autour de 0 °C (figure 7 D, p. 150). Notons la ressemblance entre cette courbe et celle de l'histoire thermique de l'univers...

Rappelons (chap. 3) que ces transitions de l'eau correspondent à des « pertes de symétrie ». L'eau liquide est plus symétrique que la glace. On ne peut pas détecter la rotation d'un volume d'eau; on peut, sauf pour certains angles, détecter celle de la glace. Au moment du gel, l'eau est passée d'un état de symétrie élevé à un état de symétrie plus faible.

En quoi ces phénomènes aquatiques nous aident-ils à comprendre la cosmologie? Dans l'évolution ancienne du cosmos, qu'est-ce qui correspondrait à l'eau, à ses transitions de phase, à ses surfusions et à ses pertes de symétrie?

La Première Seconde

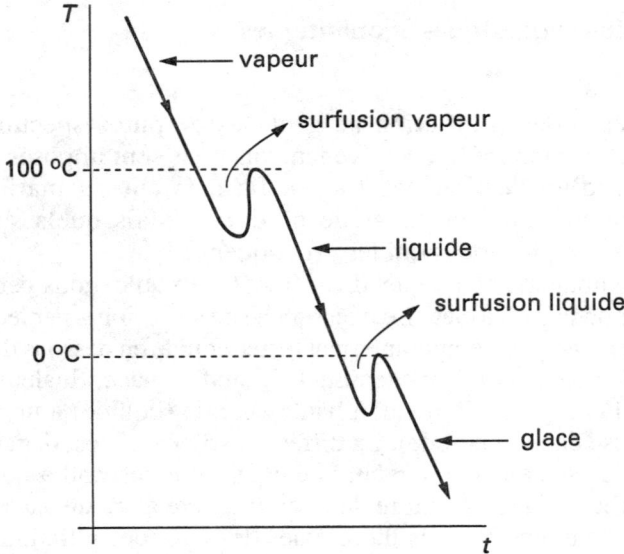

Figure 7 D. Refroidissement aquatique. Courbe de la température dans un volume d'eau soumis à un refroidissement rapide, de plus de 100 °C à moins de 0 °C. La vapeur d'eau entre en surfusion au point d'ébullition et ne devient liquide qu'à une température inférieure à 100 °C. Cette transformation dégage de la chaleur qui fait temporairement remonter la température. Un phénomène analogue accompagne le passage de l'eau liquide à la glace.

La physique quantique, rappelons-le, associe à chaque variété de particules un champ avec des propriétés propres. Les champs scalaires de Higgs – associés à l'unification des forces – possèdent des densités d'énergie élevées, passibles d'exercer une puissante influence gravifique sur le cosmos.

Que savons-nous encore de ces champs ? Comme l'eau, ils peuvent exister sous plusieurs états. Des transitions de phase, analogues au gel, leur permettent de passer d'un état à l'autre. Toujours comme pour l'eau, les états de hautes énergies sont

Inflation cosmologique

généralement plus symétriques que les états de basse énergie. La transition entraîne alors une perte de symétrie.

Toujours comme pour l'eau, ces changements de phase peuvent engendrer de la surfusion. L'état de haute énergie peut subsister au-dessous de la température critique. Cette rémanence déclenche un épisode inflationnaire.

Scénario cosmologique inflationnaire

Aux tout premiers instants de l'univers, la densité d'énergie thermique des photons, électrons et autres particules est beaucoup plus élevée que celle des champs scalaires du cosmos. Mais elle diminue progressivement avec l'expansion et le refroidissement. Un épisode d'inflation débute quand elle devient comparable à celle d'un de ces champs scalaires (figure 7 E, p. 152).

Tout comme l'eau *pourrait* se transformer en glace à 0 °C, le champ scalaire *pourrait* passer à son état d'énergie inférieure, la différence d'énergie se transformant en énergie thermique. Mais le refroidissement rapide retarde l'amorce de cette transition. Le cosmos tout entier passe alors dans un état de surfusion quantique. La force répulsive associée à ce champ (chap. 6) accélère prodigieusement le rythme de l'expansion. La température chute brutalement. C'est la première phase de l'épisode.

Pourtant, la transition finit par avoir lieu. L'énergie du champ se transforme en énergie thermique. Cette phase de réchauffement engendre un grand nombre de photons. Par la suite, l'univers reprend son rythme d'expansion normal.

Tels sont, en résumé, les mécanismes des épisodes inflationnaires. Ils correspondent à des périodes ou la densité d'énergie d'un champ scalaire est devenue la composante dominante de l'énergie cosmique. Poussée par le fouet de la force répulsive de ce champ, l'expansion s'emballe et les distances croissent exponentiellement au cours du temps. Cette amplification nous permet d'entrevoir des solutions aux énigmes du Big Bang. L'isotropie

La Première Seconde

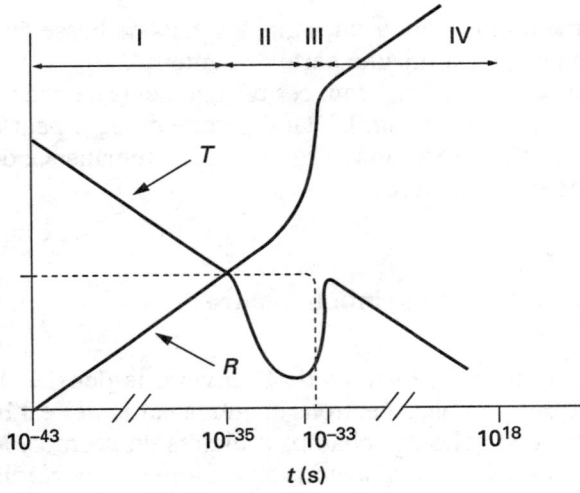

Figure 7 E. Épisode inflationnaire. Les courbes T et R décrivent les variations de la température et des distances au cours de l'épisode associé à la brisure de grande symétrie, vers 10^{28} K. La courbe en trait pointillé représente la densité d'énergie du champ scalaire associé à cette transition. Pendant la phase I, l'énergie thermique domine l'expansion du cosmos, et l'évolution est de type Friedmann-Lemaître. L'épisode inflationnaire débute à 10^{-35} seconde quand l'énergie du champ devient comparable à l'énergie thermique (phase II). A la fin de cette phase (à $t = 10^{-33}$ s), la température a chuté d'un facteur considérable et les dimensions ont été multipliées par d'énormes facteurs. Pendant la phase III (le réchauffement), l'énergie du champ scalaire se transforme en énergie thermique et la température remonte brusquement. Il y a création massive de photons et d'entropie. L'univers reprend ensuite son mode d'expansion ordinaire (phase IV ; Friedmann-Lemaître).

du rayonnement fossile, la planéité du cosmos, sa faible rotation, la rareté des monopôles et des trous noirs primordiaux ne doivent plus être arbitrairement imposées, à titre de « données initiales ». Dans le cadre de la cosmologie inflationnaire, elles n'échappent plus à la causalité...

Inflation cosmologique

Chronologie des épisodes inflationnaires

A quels moments se situent ces événements dans l'histoire du cosmos ? Plusieurs épisodes se succèdent au cours de l'expansion. Ils se produisent chaque fois que la densité d'énergie d'un champ scalaire devient supérieure à la densité d'énergie thermique universelle. Ce champ subit alors une transition de phase qui provoque son passage à un état d'énergie inférieure et la transformation de l'énergie correspondante en rayonnement.

Revoyons la séquence de ces champs en allant des mieux connus aux plus hypothétiques, c'est-à-dire, en fait, en montant l'échelle des températures. Au chapitre 3, nous avons décrit la transformation du plasma de quarks et de gluons en protons et neutrons vers un trillion de degrés (10^{12} K). Cette transition s'accompagne d'une phase de surfusion. L'énergie dégagée par le « gel » des quarks en nucléons entraîne une accélération de l'expansion. Cet événement, de courte durée, ne laisse cependant que peu de traces dans le cosmos. L'inflation provoquée est insignifiante. Il en faut beaucoup plus pour soulager les pathologies du Big Bang !

Le deuxième épisode, en remontant le temps, est associé à l'unification électrofaible autour de mille trillions de degrés (10^{15} K). L'horloge cosmique marque quelques trillionièmes de seconde. La symétrie électrofaible persiste pour un certain temps et provoque une inflation de grande envergure. Quand l'énergie du champ se transforme en rayonnement, les deux forces se différencient et commencent leurs carrières individuelles. On ne connaît pas bien la durée et l'ampleur de l'inflation correspondante. Elle pourrait être considérable.

A la supposée grande unification de la force électrofaible et de la force nucléaire, autour de 10^{28} degrés, on associe un troisième épisode d'inflation. Malgré l'absence de théorie crédible de cette unification et l'ensemble des incertitudes qui l'entoure, c'est à la

La Première Seconde

transition de phase correspondante que les scénarios inflationnaires assignent généralement la tâche de résoudre les énigmes du cosmos.

D'autres auteurs font débuter le scénario du Big Bang par une gigantesque période d'inflation au temps de Planck. Le scénario de Linde, décrit au chapitre 6, en est un exemple. Les champs scalaires invoqués pour amorcer l'épisode ne sont pas associés, comme dans les cas précédents, à des phénomènes connus. Ils seraient inscrits (hypothétiquement!) dans la physique de l'ère de Planck elle-même. Selon Linde, les épisodes inflationnaires provoqués par ces champs seraient à l'origine du Big Bang, c'est-à-dire de l'espace-temps lui-même. On aurait enfin trouvé la réponse à la question posée par les observations de Hubble : pourquoi l'univers est-il en expansion? C'est la force répulsive de ces champs scalaires qui en serait responsable !

Dans ce contexte, il ne faudrait plus considérer les épisodes inflationnaires comme « inscrits » dans le Big Bang. C'est le Big Bang lui-même (notre Big Bang local) qui s'inscrirait dans le déroulement des épisodes inflationnaires !

Problèmes du scénario inflationnaire

Le modèle inflationnaire offre des solutions élégantes à plusieurs des énigmes de la cosmologie contemporaine. Ces prouesses lui ont valu la grande popularité dont il jouit depuis plus d'une décennie. Pourtant, il n'est pas sans rencontrer quelques difficultés qui nous invitent à beaucoup de prudence.

Entendons-nous. Il est difficile d'échapper à l'idée des épisodes inflationnaires. La physique des forces et des champs les rend pratiquement inévitables. Si la grande unification et l'inflation planckienne sont encore largement spéculatives, tel n'est pas le cas pour l'unification électrofaible et pour la transition quark-hadron. Ces deux phases ont certainement provoqué, à leur heure, leur épisode inflationnaire respectif.

Inflation cosmologique

Demandons-nous plutôt si ces épisodes auront engendrer *suffisamment* d'inflation pour résoudre nos énigmes. Il en faut beaucoup, et cela n'est pas une mince exigence. En d'autres mots, les hoquets sont-ils assez violents et les brèches dans la courbe thermique (figure 7 E, p. 152) assez profondes pour expliquer l'isothermie, la planéité, etc. De plus, et c'est là que le bât blesse, une telle inflation aurait, selon toute vraisemblance, complètement *aplani* l'univers... Le scénario inflationnaire prétend expliquer la quasi-planéité observée de notre espace. Mais il en fait « trop » ! Il laisse derrière lui un univers *parfaitement* plan. Or – sauf à invoquer à nouveau les bons services de la constante cosmologique – une géométrie plane correspond à un univers de densité critique.

La question de la densité de l'univers a été discutée au chapitre 5 des *DNC*. Les densités observées semblent nettement inférieures à la densité critique. Il est possible qu'une composante manque encore à l'appel qui pourrait combler le déficit. Mais rien ne l'impose, si ce n'est la séduction du modèle inflationnaire.

Au chapitre 9 de cet ouvrage nous reprendrons le problème de l'origine des galaxies. La solution favorite des astrophysiciens repose sur l'existence de cette composante. L'inflation y joue un rôle fondamental.

7 R. Scénarios inflationnaires

[piste rouge: ⚠]

L'inflation est la solution généralement admise aux énigmes du cosmos. Les très « faibles » valeurs des données initiales* y trouvent une explication naturelle. Mais ces épisodes d'inflation doivent *également* être étudiés avec les méthodes traditionnelles de la physique : lois universelles et données initiales. Une telle démarche ne repousse-t-elle pas simplement le problème ? N'allons-nous pas retrouver là, de nouveau, le problème du statut des données initiales en cosmologie ?

Dans une large mesure, les effets des épisodes inflationnaires sur le cosmos sont *indépendants* des données initiales dans lesquelles ils se sont instaurés. En d'autres mots, l'état de l'univers *après* l'épisode est pratiquement indépendant de son état *avant* l'épisode. Dans la terminologie de la théorie du chaos déterministe, ces épisodes jouent le rôle d'attracteurs : ils « attirent » l'univers dans un état déterminé, à partir d'un très grand nombre d'états initiaux possibles.

Sur le plan conceptuel, la solution inflationnaire consiste à prendre l'attitude suivante : le problème de la causalité des données dites « initiales » du cosmos est résolu si on peut montrer qu'après l'épisode l'univers a nécessairement évolué vers la forme qu'il a aujourd'hui. C'est donc l'inflation qui serait la grande responsable...

S'agit-il d'une véritable solution ou d'une pirouette astu-

Scénarios inflationnaires

cieuse ? L'avenir le dira. Pour l'instant, nous n'avons rien de mieux à nous mettre sous la dent. De plus, cette solution est loin d'être sans problème.

Le scénario cosmologique

On suppose l'existence, dans l'univers, de champs scalaires homogènes auxquels sont associées des densités d'énergie ρ_s et les pressions P_s reliées par l'équation d'état $P_s = -\rho_s$. La loi d'expansion est alors donnée par :

(1) $\qquad (dR/dt)^2/R^2 = H^2 = 8\pi G(\rho_T + \rho_s)/3.$

Dans le cas radiatif, la densité d'énergie du rayonnement (*DNC*, p. 107) est $\rho_T \propto T^4$. Au champ scalaire correspond une particule de masse m_s. Sa densité d'énergie est de $\rho_s \propto m_s^4$. D'où :

(2) $\qquad (dR/dt)^2/R^2 \propto 8\pi G(T^4 + m_s^4)/3.$

Au début, quand $T > m_s$, l'énergie thermique domine et l'expansion est de type Friedmann-Lemaître : $R \propto t^{1/2}$. Puis, quand $T \approx m_s$, la densité d'énergie du champ scalaire prend le dessus et le facteur d'échelle croît exponentiellement :

(3) $\qquad R \propto \exp(t/\tau_s) \, ; \, \tau_s = (8\pi G \rho_s/3)^{-1/2}.$

La température décroît alors comme $T \propto 1/R \propto \exp(-t/\tau_s)$ (voir figure 7 E, p. 152). Rappelons que dans les unités de Planck on a : $\tau_s/t_{pl} = (m_{pl}/m_s)^2$.

Dans le scénario inflationnaire de grande unification, la masse de la particule scalaire est de 10^{24} eV, la valeur de τ_s est de 10^{-35} seconde. La phase débute quand la température atteint $T = 10^{24}$ eV, à $t = 10^{-35}$ s. On note incidemment que la valeur de τ_s est aussi l'âge de l'univers quand la phase commence. Ce résultat qualitatif est simplement issu de l'analyse dimensionnelle que nous avons effectuée.

La Première Seconde

 Phase de réchauffement

Selon ce modèle simplifié, cette phase inflationnaire durerait indéfiniment, puisque la densité ρ_s est constante. En fait, ces particules scalaires interagissent avec les autres particules. Cette interaction entraîne, tôt ou tard selon l'intensité du couplage, leur désintégration en photons, électrons, neutrinos, etc. La densité d'énergie ρ_s associée à ces particules se dissipe en énergie thermique ρ_T. La température cosmique remonte rapidement et peut atteindre une température ($T \approx m_s$) voisine de celle qui régnait au début de la phase inflationnaire.

La création de photons $\Delta n(\text{photons}) \propto T^3 \approx m_s^3$ accroît considérablement l'entropie cosmique*, provoque une dilution relative de certaines composantes, telles que les monopôles magnétiques et les trous noirs. Elle « explique » ainsi pourquoi leur densité est si faible par rapport à celle des photons.

Puis, quand la densité d'énergie associée aux particules scalaires a été dissipée en photons, la densité d'énergie thermique domine à nouveau l'expansion, et le mode de Friedmann-Lemaître reprend le dessus.

Rappelons que la physique contemporaine nous permet d'entrevoir au moins trois phases inflationnaires durant le passé de l'univers (figure 5R A, p. 126). Il n'est pas impossible que d'autres événements semblables aient eu lieu dans le passé. D'autres encore pourraient se produire à l'avenir.

Isothermie et causalité

La plupart des pathologies du Big Bang sont associées à l'idée que l'expansion se fait à entropie constante (hypothèse d'adiabaticité*) de l'expansion. L'âge de l'univers est d'environ 10^{60} fois le temps de Planck et le rayon de l'univers observable de $\approx 10^{60}$ longueurs de Planck. Mais la température *n'est que* d'environ 10^{30}

Scénarios inflationnaires

fois inférieure à la température de Planck. La difficulté vient essentiellement de là.

L'expansion de Friedmann-Lemaître est adiabatique (*DNC*, p. 108). La conservation de l'entropie implique que $T \propto 1/R$. En conséquence, le facteur d'échelle n'a crû que d'un facteur 10^{30} en 10^{60} temps de Planck ($R \propto t^{1/2}$). La sphère des points en contact causal au temps de Planck (rayon de 10^{-33} cm) occupe aujourd'hui un volume $(10^{-30})^3 = 10^{-90}$ fois plus faible que le volume de l'univers observable... D'où les problèmes de causalité que nous avons rencontrés jusqu'ici.

Disons-le autrement. Depuis le temps de Planck, la température a chuté d'un facteur d'environ 10^{30}. Si RT est constant, le rayon du covolume qui contient aujourd'hui toute la matière de l'univers observable s'étendait, au temps de Planck, sur une longueur de quelques millimètres. Mais l'horizon cosmologique, à cette époque, n'était que de 10^{-33} cm ! Comment, dans ces conditions, cette matière a-t-elle pu acquérir le caractère d'homogénéité à grande échelle que nous lui connaissons aujourd'hui (voir figure 7 Ba, p. 144) ?

De là l'idée de résoudre ces problèmes en faisant intervenir des épisodes non adiabatiques, créateurs d'entropie, pendant lesquels la relation RT n'est pas conservée.

Imaginons qu'aux premiers temps de l'univers toute la matière du covolume contemporain ait été concentrée dans un espace inférieur à sa sphère de causalité (figure 7 Bb, p. 145). Supposons, par la suite, l'occurrence d'un épisode inflationnaire qui accroît le produit RT d'un facteur $C = (R_f T_f / R_i T_i)$ où i et f désignent les valeurs au début et à la fin de la phase. Si la température finale après le réchauffement est $T_i \approx T_f$ le rayon du covolume est multiplié par le facteur C. Par la suite, l'expansion adiabatique (F-L) amène ce rayon à sa valeur présente (figure 7 Bc, p. 145). Toutes les solutions inflationnaires préconisées sont des variantes sur ce thème.

Prenons, par exemple, le scénario où l'inflation est associée à la brisure de grande unification à 10^{-35} seconde. Considérons une masse de matière contenue dans un volume d'espace de dimen-

La Première Seconde

sion bien inférieure, par exemple 10^{-28} centimètre, à la sphère de causalité ($\approx 10^{-25}$ cm). Imaginons que, dans cet espace restreint, les propriétés de la matière soient suffisamment homogènes (se soient suffisamment homogénéisées; elles en ont eu le temps) pour qu'on puisse les décrire par la métrique de Robertson-Walker (*DNC*, p. 97), ainsi que par les équations de la dynamique du Big Bang.

Calculons l'extension inflationnaire minimale requise pour expliquer dans cette hypothèse l'isothermie présente. Évaluons d'abord la dimension de la matière observable aujourd'hui, tout de suite après l'épisode : on obtient 3 centimètres (10^{28} cm $\times (3\,\text{K}/10^{28}\,\text{K})$), soit plus de 10^{25} fois le rayon causal. Il faut donc une expansion exponentielle (*DNC*, p. 114) d'un facteur supérieur à $10^{25} \approx e^{58} = \exp(t/\tau_s)$ pour réconcilier ces nombres. L'inflation doit durer au moins 58 τ_s (où $\tau_s \approx 10^{-35}$), c'est-à-dire de 10^{-35} à 10^{-33} seconde. L'extension requise est un des problèmes majeurs de la théorie inflationnaire. Elle se reflète sur la forme des potentiels associés aux champs scalaires (*PS*, p. 102).

La planéité du cosmos

L'équation dynamique du Big Bang (*DNC*, p. 98) peut s'écrire de la façon suivante (Ω est la densité en unité de la densité critique et la constante cosmologique est supposée nulle).

(4) $\qquad 1 - \Omega = (k/R^2)/(8\pi G\rho/3) = X(T)$

où $X(T)$ est l'écart à la planéité.

Pendant l'expansion F-L, le facteur $X(T)$ croît avec la chute de la température; $X(T) \propto T^{-2}$ pendant l'ère radiative et $X(T) \propto T^{-1}$ pendant l'ère matérielle. Au moment de l'émission du rayonnement fossile, $X(T) \approx 10^{-3}$; au moment de la nucléosynthèse primordiale, $X(T) \approx 10^{-17}$; au temps de Planck, $X(T) \approx 10^{-61}$. Dans le passé l'espace était extrêmement proche de la planéité (figure 7 Fa).

Scénarios inflationnaires

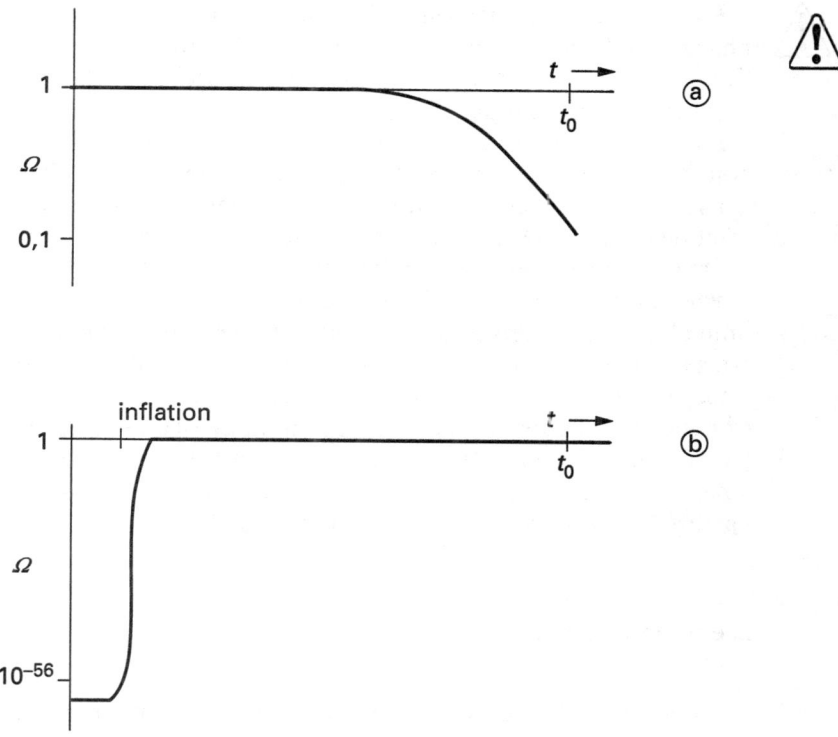

Figures 7 Fa. Évolution de la densité dans le scénario Friedmann-Lemaître (F-L). Le facteur $X(T)$, qui mesure l'écart à la planéité, est le rapport du terme de courbure sur le terme de densité. Pendant l'expansion F-L, il croît progressivement et la densité s'éloigne de la valeur critique ($\Omega = 1$).
7 Fb. Évolution de la densité dans le scénario inflationnaire. Pendant un épisode d'inflation, $X(T)$ diminue exponentiellement. A la fin de l'épisode, la densité devient extrêmement voisine de la valeur critique.

Pendant la période inflationnaire $\rho = \rho_s$ est constante. On a alors $R \propto \exp(t/\tau_s)$.

(5) $$X(T) \propto \exp(-2t/\tau_s).$$

La Première Seconde

 La valeur de $X(T)$ décroît alors rapidement avec le temps. Si la phase inflationnaire dure suffisamment longtemps, $(t/\tau_s \gg 1)$, Ω deviendra très proche de l'unité. En ce sens, l'inflation agit comme un attracteur dont le résultat final est $\Omega = 1$.

La valeur minimale du facteur d'expansion exponentielle requise pour créer cette insensibilité à la courbure initiale est voisine de 10^{25} dans le cas de l'épisode inflationnaire de la grande unification. Cette solution impose que la courbure soit extrêmement faible aujourd'hui.

On pourrait évidemment choisir une valeur de t/τ_s qui donnerait la valeur favorisée par les observations (10 % à 20 %) mais on perdrait alors l'insensibilité aux données initiales, précisément ce que nous cherchons à obtenir ! A l'inverse, pour toute valeur choisie de l'accroissement inflationnaire du facteur d'échelle $R(t)$, on peut trouver des valeurs de Ω avant l'inflation que celle-ci ne suffira pas à ramener à la valeur contemporaine. En d'autres mots, le « bassin d'attraction » de l'inflation ne couvre qu'une partie des valeurs initiales possibles de la densité cosmique.

L'entropie initiale

L'entropie totale de l'univers observable a deux composantes principales : l'entropie thermique du rayonnement fossile et l'entropie gravitationnelle*. L'entropie du rayonnement est proportionnelle au nombre de particules relativistes (photons et neutrinos) (*DNC*, p. 108). Pour le volume de l'univers observable aujourd'hui, on obtient environ 10^{88} unités de k (la constante de Boltzmann).

L'entropie gravitationnelle provient surtout des trous noirs. L'entropie S d'un trou noir de masse M est donnée par ($M_\odot$ est la masse solaire) :

$$S_{\text{grav}} = 10^{77} (M/M_\odot)^2.$$

Si toute la matière présente dans l'univers visible (environ 10^{22} masses solaires) était concentrée en un seul trou noir géant, cette composante vaudrait $S_{\text{grav}} = 10^{121}$, soit 10^{33} fois l'entropie du

Scénarios inflationnaires

rayonnement universel. C'est la valeur maximale qu'elle pourrait avoir aujourd'hui.

Nous avons de bonnes raisons de penser qu'il y a des trous noirs dans l'univers contemporain (noyaux de quasars, étoiles massives effondrées). Mais ils ne constituent, au mieux, qu'une fraction infime de la masse cosmique, et, dans plusieurs cas, leur origine est récente. L'entropie gravitationnelle initiale liée à des trous noirs primordiaux est certainement très faible par rapport à la valeur maximale de 10^{121} citée plus tôt [39].

La solution au problème de la faible valeur de l'entropie initiale peut se formuler de deux façons différentes. La densité de trous noirs devient « infinitésimale » après l'expansion exponentielle. Ou encore : la population relative des trous noirs et des photons est considérablement réduite par l'addition de photons créés pendant le réchauffement.

Regard critique sur le modèle inflationnaire

Plusieurs difficultés rencontrées par le modèle inflationnaire ont déjà été mentionnées. Il exige une planéité quasi absolue de l'espace. Par ailleurs, pour résoudre les énigmes du cosmos, il faut justifier un facteur d'inflation gigantesque ($\approx 10^{25}$).

Ce facteur entraîne une autre difficulté au niveau de l'amplitude des fluctuations induites par le champ scalaire (ce sujet sera repris au chapitre 9). On montre (mais la preuve est au-delà du niveau de ce livre) qu'un épisode inflationnaire qui accroît la dimension d'une fluctuation de densité $\delta\rho/\rho$ accroît également l'amplitude de cette fluctuation, proportionnellement au logarithme de la croissance de sa dimension. Plus exactement :

(6) $$\delta\rho/\rho \propto \lambda^{1/2} (t/\tau_s)^{3/2}$$

où λ est la constante de couplage du champ scalaire avec les autres champs ordinaires. Or ces fluctuations ne dépassaient pas une valeur $\delta\rho/\rho$ de 10^{-5} au moment du découplage électro-

La Première Seconde

 magnétique*. Il faut en conséquence imposer à λ une valeur inférieure à 10^{-12}. Aucun modèle physique réaliste et « naturel » ne peut donner de valeur aussi faible. Cette contrainte sur λ est un autre des points faibles des scénarios inflationnaires.

La chronologie de ces épisodes rencontre plusieurs contraintes. Pour résoudre le problème des monopôles, il faut qu'au moins un épisode de grande envergure ait lieu *après* la brisure du groupe de grande unification (ou de tout « grand groupe » initial) en un ensemble de groupes dont l'un est le U(1) de l'électromagnétisme. Mais, par ailleurs, les épisodes majeurs doivent précéder la brisure de symétrie matière-antimatière... Sinon le nombre baryonique aurait été considérablement dilué et serait aujourd'hui beaucoup trop faible [40]...

Après plus de dix ans d'efforts, il faut bien reconnaître que, face à ces exigences, le scénario inflationnaire n'a pas encore réussi à trouver une formulation convaincante.

8. Les défauts des champs scalaires

Les champs scalaires de la physique moderne sont d'un très grand intérêt pour la cosmologie. Les pages précédentes ont illustré leur rôle dans l'évolution de l'univers. Dans ce chapitre, nous allons étudier certaines de leurs propriétés. En particulier leurs « défauts topologiques* ». Que signifie l'expression « défauts topologiques d'un champ » ?

Selon notre habitude, nous commençons par des comparaisons instructives. Celles-ci ont souvent guidé la pensée des chercheurs. De nombreux concepts de la physique moderne furent « empruntés » à d'autres secteurs déjà bien balisés. La nature n'hésite pas à réemployer les mêmes sentiers.

Commençons par un fait divers. Autour d'une table ronde, un groupe de scientifiques a pris place pour le banquet de leur congrès annuel. Ils sont d'origines et de cultures diverses. Chaque invité a devant lui une assiette, des couverts et une assiette à beurre. Dans nos pays, la coutume veut que celle-ci soit placée à gauche de l'assiette principale. Mais cette convention n'est pas universelle. Certains convives restent perplexes et se demandent s'ils doivent prendre leur beurre à droite ou à gauche.

Quand une première personne choisit son assiette, elle influence le geste de ses voisins. De proche en proche, les choix se feront toujours dans le même sens, et bientôt chacun aura déterminé la place de son assiette.

Mais si la table est très grande et les hôtes nombreux, il peut arriver qu'une personne choisisse à sa gauche, tandis qu'ailleurs une autre prenne l'assiette à sa droite. L'« information » part alors

La Première Seconde

de deux lieux différents. La table se divise en deux domaines : les physiciens-assiette-à-gauche et les physiciens-assiette-à-droite (figure 8 A). Les frontières entre ces régions se signalent par deux zones « défectueuses » ; une personne se retrouve sans assiette tandis qu'une autre en a deux !

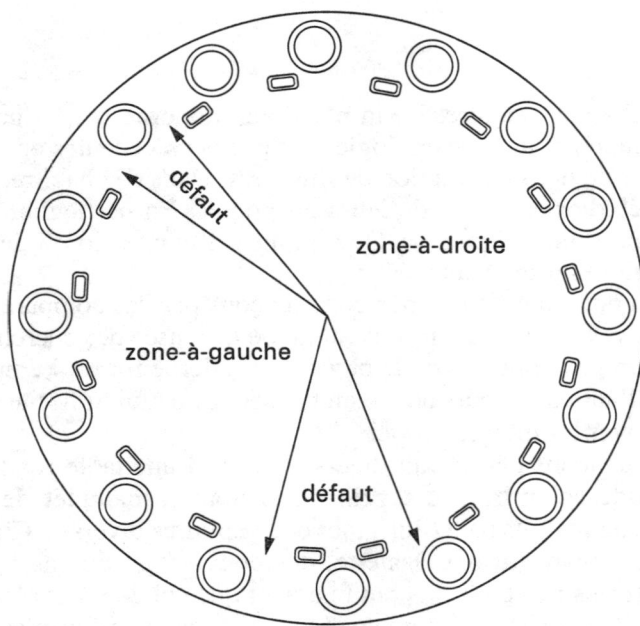

Figure 8 A. Le banquet des physiciens. La table est partagée en deux domaines : les assiettes-à-beurre-à-gauche et les assiettes-à-beurre-à-droite. Ces domaines sont séparés par deux « défauts topologiques » : un invité a deux assiettes tandis qu'un autre n'en a pas.

Une situation symétrique au départ – les assiettes à beurre sont également disposées de chaque côté des invités – évolue spontanément vers une brisure de symétrie, engendrant des zones différentes, bornées par des « défauts ».

Les défauts des champs scalaires

Nous avons là tous les éléments requis pour comprendre la situation cosmologique.

Encore une comparaison. Imaginons maintenant un crayon aiguisé que l'on veut faire tenir sur la pointe. Équilibre éminemment instable ! Le crayon finit par tomber. Toutes les directions

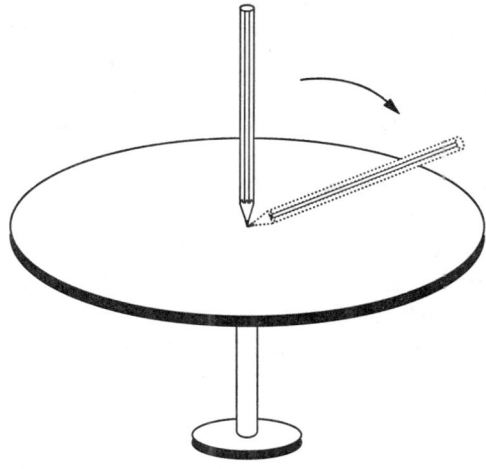

Figure 8 B. Crayon sur sa pointe. Le crayon mis en équilibre sur sa pointe est « obligé » de choisir une direction de chute parmi l'ensemble des directions possibles.

de chute lui sont, en principe, accessibles. Mais il doit en prendre une, et une seule ! Un choc, la moindre brise, le pousse légèrement dans une certaine direction. Cette inclinaison, si petite soit-elle, va en s'amplifiant avec la chute et entraîne inexorablement le crayon dans une orientation bien définie. La symétrie initiale autour de l'axe vertical est maintenant brisée ; une direction a été « choisie » (figure 8 B). Encore une image qui nous sera bien utile...

La Première Seconde

Quartz et agates

Les magnifiques cristaux de quartz des boutiques de pierres précieuses atteignent quelquefois des dimensions impressionnantes. Leurs formes géométriques spécifiques, leurs arêtes finement dessinées et leur quasi-transparence nous permettent de les reconnaître. A l'échelle atomique, ces cristaux sont composés d'un motif régulier où les atomes d'oxygène voisinent avec ceux de silicium. D'autres atomes, en quantités infimes, les colorent : le fer et le manganèse pour la violette améthyste, l'aluminium pour la topaze fumée.

Ces mêmes boutiques ont souvent en vitrine de belles collections d'agates multicolores. Leur composition chimique et leur structure minéralogique sont pratiquement les mêmes que celles du quartz. Mais l'agate n'est pas transparente et ne présente pas de forme caractéristique. Pourquoi ?

L'agate est composée non pas d'un seul cristal aux plans orientés mais d'une myriade de microcristaux juxtaposés. Leurs dispositions aléatoires lui enlèvent toute forme reconnaissable et la rendent opaque.

Le mode de cristallisation par refroidissement du silicate liquide explique la différence. Un processus lent laisse aux atomes le temps de se disposer en rangs réguliers et serrés. Résultat : un monocristal de dimension respectable – un quartz, une topaze ou une améthyste. Si la température tombe rapidement, une profusion de petits cristaux se forment simultanément. Les motifs s'orientent dans toutes les directions possibles. Quand la solidification s'achève, les microcristaux se rejoignent et se touchent. A leurs frontières, les plans cristallins ont des orientations différentes. On parle de « défauts cristallins ». Leur superposition crée une agate sans forme caractéristique.

Les défauts des champs scalaires

Champs magnétiques

Le comportement des champs magnétiques et la formation des aimants vont également nous aider à comprendre la physique des champs scalaires. Nous allons y passer quelque temps.

Les systèmes physiques ont tendance à « tomber » dans leur état de moindre énergie. Ils le font spontanément quand les circonstances le permettent. Comme l'eau d'une chute tombe vers le sol, l'aiguille d'une boussole s'aligne vers le nord. On peut manuellement la ramener vers le sud. L'énergie dépensée pour cette orientation forcée se libérera quand, laissée à elle-même, elle reprendra sa direction favorite (figure 8 C).

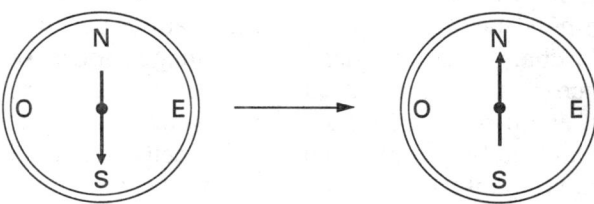

Figure 8 C. Boussole. L'aiguille revient spontanément vers le nord si on l'a orientée de force vers le sud. Cette réorientation dégage de l'énergie.

Chauffons un bloc de fer à plusieurs centaines de degrés. Chaque atome est comme l'aiguille d'une boussole. C'est un petit aimant qui « voudrait bien » s'aligner avec ses voisins. Mais l'agitation thermique neutralise cette tendance. Les aiguilles n'ont pas de direction privilégiée ; leurs orientations individuelles sont réparties d'une façon aléatoire. Leurs effets magnétiques s'annulent en moyenne. Résultat : le bloc n'a pas de champ magnétique global ; il n'affecte pas les boussoles.

Refroidissons le bloc. En dessous de 770 degrés Celsius – la « température de Curie », nommée d'après Pierre Curie –, la cha-

La Première Seconde

leur n'arrive plus à s'opposer à la force magnétique des atomes de fer. De proche en proche, les petits aimants s'alignent[41]. Leurs champs magnétiques s'additionnent. Le bloc de fer s'aimante. L'énergie dégagée par ces alignements se transforme en une chaleur mesurable en laboratoire.

Symétrie spontanément brisée

L'alignement se fait normalement dans la direction du champ magnétique terrestre. Mais, dans un laboratoire convenablement isolé, le magnétisme de la Terre ne pénètre pas. Toutes les directions deviennent alors possibles. Comment les aimants vont-ils alors s'aligner ? Il leur faut bien choisir une direction !

Impossible, bien sûr, d'obtenir un isolement magnétique parfait. On n'est jamais à l'abri de perturbations infimes : mouvement de charges électriques, orages magnétiques solaires ou galactiques... Ces minuscules influences suffiront à provoquer le choix d'une direction initiale. Par la suite, les alignements se poursuivant, le bloc tout entier prendra cette aimantation spécifique (figure 8 Da). Comme dans le cas du crayon, une perturbation infime aura imposé sa direction.

Ce phénomène porte en physique le nom de « rupture spontanée de symétrie ». Le bloc de fer ainsi que le crayon sont, au départ, dans un état de symétrie par rapport à toutes les directions possibles. Plus tard, ils doivent « choisir » une direction. Quand le choix aura été fait, la symétrie initiale sera rompue. Plus question de changer de direction.

Secteurs magnétiques

Soumettons maintenant notre bloc de fer chaud à un refroidissement rapide. Comme dans le cas de l'agate, l'alignement des atomes s'amorce simultanément en plusieurs régions distinctes.

Les défauts des champs scalaires

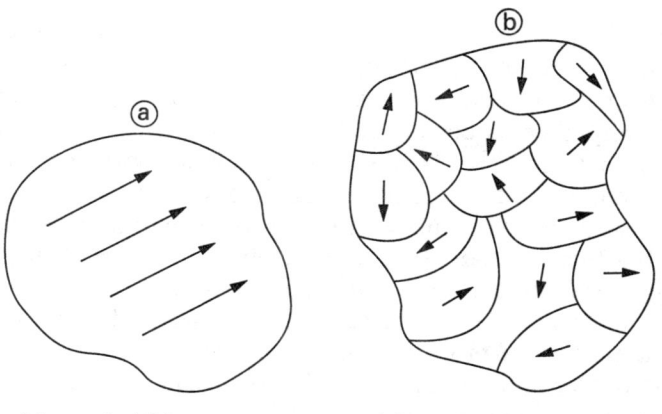

bloc refroidi lentement :
un seul domaine

bloc refroidi rapidement :
secteurs magnétiques

Figures 8 Da. Bloc de fer refroidi lentement. Tous les atomes s'alignent dans la même direction : le fer est globalement aimanté.
8 Db. Refroidissement rapide d'un bloc de fer. Formation de multiples secteurs magnétiques dont les champs ont des orientations différentes.

Au lieu d'un seul gros aimant, on obtient une multitude de petits « secteurs magnétiques » adjacents dont les orientations sont aléatoires. A l'interface entre deux secteurs, l'alignement des aimants change brusquement de direction. Ces régions mitoyennes définissent des surfaces de dimensions variées. Elles sont bornées par des arêtes sur lesquelles se joignent trois ou quatre secteurs orientés différemment (figure 8 Db). Les arêtes convergent vers des points où elles rencontrent d'autres arêtes.

Plaçons-nous, par la pensée, en un de ces points. Les petits aimants qui s'y trouvent sont à cheval sur plusieurs secteurs. Contrairement aux atomes situés à l'intérieur des secteurs, des atomes voisins sont orientés dans des directions différentes. Points, arêtes et surfaces ne possèdent pas l'homogénéité magnétique de l'ensemble du bloc. Rappelons que l'alignement des

La Première Seconde

aimants dégage de l'énergie. Ici, à cause de leurs positions particulières, les atomes ne sont pas alignés avec leurs voisins. Leurs énergies n'ont pas été libérées au moment du refroidissement. A ces désalignements correspondent des concentrations d'énergie qui auraient survécu à la transition. Ces lieux portent le nom de « dislocations » ou encore de « défauts topologiques ».

Les positions de ces dislocations ne sont pas immuables dans le bloc. Il arrive que tous les atomes situés à la surface d'un secteur changent subitement leur alignement pour se joindre au secteur adjacent. Résultat net : la surface se « déplace ». Points de jonction, arêtes et surfaces peuvent ainsi se mouvoir. Mais sans jamais perdre leur caractère topologique : une surface reste une surface, etc.

Des phénomènes analogues se produisent dans les mailles cristallines des métaux. Les dislocations sont des lieux de faiblesse où les poutres de fer, par exemple, peuvent se rompre quand elles sont soumises à des efforts trop soutenus.

**Dislocations et secteurs
des champs quantiques**

Aux premiers temps de l'univers, les champs scalaires associés aux unifications des forces sont, rappelons-le, dans un état de grande énergie et de grande symétrie. Quand l'univers passe en dessous de leur température critique (l'équivalent de la température de Curie), cet état devient instable (comme le crayon sur sa pointe). C'est le point de départ des épisodes inflationnaires.

Pour accéder à son état de basse énergie, le champ, comme le crayon, est forcé de choisir une « direction ». Non pas dans notre espace familier, comme le fer aimanté, mais dans un espace « interne », sans équivalent dans notre géométrie habituelle. Ainsi le refroidissement entraîne-t-il une brisure de la symétrie initiale dans cet espace interne.

Ces comparaisons vont nous permettre d'aborder la question

Les défauts des champs scalaires

des défauts des champs scalaires. En précipitant les champs scalaires d'un état d'énergie à l'autre, le refroidissement de l'univers les oblige à choisir une direction. Comme pour le magnétisme, ces directions ne seront pas nécessairement les mêmes partout [42]. Des régions vont ainsi se définir, analogue aux secteurs magnétiques. A la frontière de ces régions, on retrouvera des défauts semblables à ceux des secteurs magnétiques ou des cristaux de quartz.

Monopôles, cordes cosmiques et murs domaniaux

Les monopôles magnétiques sont analogues aux points de rencontre des arêtes. Dans le modèle classique du Big Bang, leur masse est énorme (10^{15} fois celle du proton). Leur population leur confère alors une densité cosmique bien au-delà des limites observationnelles. Cette difficulté peut être résolue par un épisode inflationnaire qui se charge de les raréfier.

Les « cordes cosmiques » sont analogues aux arêtes entre plusieurs secteurs. Leurs longueurs se mesurent en millions ou même en milliards d'années-lumière. Il y en a deux variétés : les cordes ouvertes et les cordes fermées. Alors que la première espèce s'étend d'un horizon à l'autre, la seconde se présente sous la forme d'une boucle isolée dans l'espace. Contrairement aux monopôles, la physique moderne n'impose pas leur existence. Elles apparaissent dans certains scénarios mais pas dans d'autres.

L'intérêt astrophysique des cordes cosmiques vient du fait qu'elles pourraient avoir servi de germes galactiques (chap. 9). Comment pourrait-on détecter la présence d'une corde cosmique dans notre ciel ? Elle se manifesterait par une variation de la température du rayonnement fossile dans certaines régions de la voûte céleste. La distribution des galaxies dans le ciel pourrait nous révéler leur rôle dans la germination des structures célestes.

Il ne faut pas confondre ces cordes cosmiques avec les « supercordes » présentées au chapitre 6. Elles ont deux points en commun : ce sont des objets à une seule dimension et personne ne sait si elles existent vraiment... Elles diffèrent par leur longueur. Les supercordes n'ont guère que 10^{-33} centimètre ! Difficile d'être plus dissemblables...

Les « murs domaniaux » sont analogues aux surfaces entre deux secteurs. L'énergie qui leur est associée est gigantesque. Un seul mur, dans tout l'univers observable, provoquerait des variations considérables de la température du rayonnement fossile, tout à fait incompatibles avec les observations du satellite COBE (Cosmic Background Explorer). Le cosmologiste apprend avec soulagement que, comme les cordes cosmiques, la physique n'en impose pas l'existence.

Rappelons, avant de terminer ce chapitre, que les champs magnétiques ont une direction dans l'espace réel (celui que nous habitons), alors que les champs scalaires de la cosmologie s'orientent dans un espace « interne ». D'où l'emploi du mot « analogue » dans les comparaisons précédentes.

8R. Défauts topologiques

[piste rouge: ⚠]

Au moment d'une transition de phase, le champ scalaire responsable du phénomène passe d'un état initial à haute énergie à un état final à plus basse énergie. Il y a souvent plusieurs états possibles et le champ est « obligé » de choisir. Considérons, par exemple, le cas d'un champ scalaire réel qui passe d'une valeur nulle ($\Phi = 0$) (faux vide) à une valeur Φ non nulle ($\Phi = \Phi_0$) (vrai vide). Le minimum du potentiel [équation (1), chap. 4] est proportionnel au *carré* du champ Φ^2. Dans un domaine donné d'espace, l'énergie minimale du champ est atteinte si tous les points de ce domaine glissent uniformément vers la même valeur de Φ, disons $+\Phi_0$. Mais rien n'empêche que, dans un autre domaine, hors de la sphère de causalité du premier, la valeur choisie soit $-\Phi_0$. Ainsi sera engendré un ensemble de domaines de l'espace où les deux valeurs de Φ se seront distribuées au hasard. Cette répartition des régions de l'espace autour des valeurs possibles provoque l'apparition de « défauts topologiques » aux moments des transitions de phase (voir figure 8R A, p. 176).

La Première Seconde

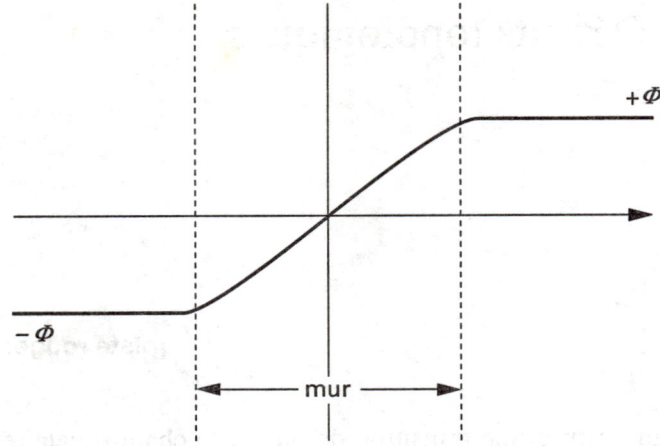

Figure 8R A. Structure d'un mur domanial qui sépare deux régions de « vrai vide ». La zone mitoyenne (le mur) est restée dans l'état de « faux vide ».

Les murs domaniaux

Plusieurs domaines pourront se retrouver dans une même sphère de causalité, quand cette sphère, croissant avec le temps, recouvrira de plus en plus de matière. On nommera « murs domaniaux » les surfaces mitoyennes à deux domaines. Traversons par la pensée un de ces murs. Passant de la valeur de $-\Phi_0$ à $+\Phi_0$ on rencontrera un point où ce champ s'annule. A ce point, rappelons-le, correspond une énergie potentielle élevée, celle du faux vide. Les murs contiennent de grandes quantités d'énergie et peuvent, à ce titre, influencer puissamment la dynamique cosmique.

Évaluons la densité d'énergie associée à un mur domanial. Quelle est l'épaisseur de ce mur? Quand deux domaines de champs différents se retrouvent dans la même sphère de causalité, l'énergie du mur mitoyen tend à se minimiser (les systèmes physiques tendent vers leur minimum d'énergie). Le mur « vou-

Défauts topologiques

drait », d'une part, être le plus mince possible (pour stocker le moins d'énergie possible) mais aussi, puisque les variations du champ en fonction de l'espace apportent également une contribution à la densité d'énergie [termes d'énergie cinétique, équation (1), chap. 4], il faut adoucir la pente, c'est-à-dire épaissir le mur.

Un compromis est établi entre ces exigences contradictoires, dans la plus pure tradition quantique. Considérons, pour fixer les idées, le cas de la transition de grande unification. La densité d'énergie du champ est proportionnelle à la quatrième puissance de la masse de la particule associée (10^{110} eVcm^{-3}), tandis que l'épaisseur du mur est donnée par la longueur d'onde de Compton* de cette particule (10^{-29} cm)[43]. On obtient l'équivalent de mille galaxies par centimètre carré ! Un mur de cent mètres carrés contiendrait plus de matière que l'ensemble de l'univers observable aujourd'hui. De tels objets se seraient fait remarquer en altérant, par exemple, le mouvement isotrope d'expansion des galaxies.

L'absence observationnelle de tels murs domaniaux peut s'expliquer de deux façons : 1) ils ne se sont pas formés durant l'expansion du cosmos ; 2) ils ont été repoussés très loin de notre univers observable par un épisode inflationnaire.

Les cordes

Les états du vrai vide de certains champs scalaires correspondent à une infinité non dénombrable de solutions possibles. Imaginons, par exemple, qu'il s'agisse d'un champ scalaire d'une variable complexe $\Phi = \Phi_0 e^{iQ}$. Tous les états de même amplitude Φ_0 et de phases différentes Q sont des états équivalents (dégénérés) du vrai vide. A chaque point de l'espace réel, on associe un plan complexe. Chaque valeur de Q correspond à une direction du champ dans cet espace interne.

Il se produit, au moment de la transition, un alignement des phases Q des points situés à l'intérieur de chaque région causale.

La Première Seconde

 Comme dans le cas du mur domanial, l'expansion de la sphère de causalité révélera un ensemble de domaines de phases différentes, analogue aux secteurs magnétiques. Des points d'intersection marquent les lieux où ces domaines se rejoignent. Les « cordes cosmiques » sont constituées d'une succession continue de points de rencontre de domaines différents. Chacun des points de cette courbe correspond à un lieu de grande densité d'énergie, c'est-à-dire à une région de faux vide rémanent.

Des arguments d'optimisation analogues à ceux des murs domaniaux nous permettent d'en évaluer la densité d'énergie. La section d'une corde est proportionnelle au carré de la longueur d'onde de Compton de la particule associée au champ de Higgs. Une corde de dimension galactique aurait une masse de 10^8 masses solaires, soit environ un millième de la masse galactique.

Les monopôles magnétiques

Supposons un champ dont les phases des états du vrai vide se disposent sur une sphère associée (à trois dimensions internes) comme les aiguilles d'un porc-épic. Après la transition, les régions de faux vide rémanent sont des sphères de rayon donné par la longueur d'onde de Compton de la particule responsable de la transition. Dans le cas de la transition de grande unification, ces lieux de grande énergie sont nos monopôles magnétiques. L'énergie stockée s'obtient en prenant le produit de la densité d'énergie du champ par le volume du monopôle, soit environ 10^{15} GeV.

Si on peut encore douter de la formation des cordes et des murs domaniaux pendant le Big Bang, on a toutes raisons de penser (en relation avec la conservation de la charge électrique) que des monopôles magnétiques ont *dû* se former. La seule façon d'expliquer leur absence (ou en tout cas leur très faible densité par rapport aux valeurs attendues) est de faire appel à des phases inflationnaires dont l'effet est de créer un très grand nombre de nouveaux photons après la formation des monopôles, c'est-à-dire de raréfier leurs concentrations.

9. Origine des structures (1)

Notre univers, à grande échelle, se présente comme un ensemble de galaxies, regroupées en amas et quelquefois en superamas. Ces structures ne sont pas réparties d'une façon aléatoire dans le ciel. Concentrées dans certaines zones, elles sont absentes ailleurs. L'accumulation de ces astres dans certaines régions du cosmos évoque parfois la forme de « murs » ou de « membranes » entourant d'immenses « bulles » vides (figures 9 Aa et Ab, p. 180). Pour éviter toute confusion, disons que ces murs n'ont rien à voir avec les murs domaniaux dont il a été question au chapitre précédent.

L'existence même de ces grandes configurations cosmiques pose de sérieux problèmes aux théoriciens du Big Bang (*DNC*, chap. 9). Ce chapitre sera l'occasion de faire le point sur ce sujet brûlant de la cosmologie contemporaine.

Trois problèmes

A l'époque de l'émission du rayonnement fossile, à trois mille degrés, l'univers n'était pas rigoureusement homogène. L'ensemble des observations accumulées depuis quelques années montre de faibles fluctuations de températures à l'échelle d'une partie pour cent mille. On considère ces fluctuations comme les germes vraisemblables des futures structures du cosmos. Ce modèle rencontre trois problèmes que nous allons résumer ici.

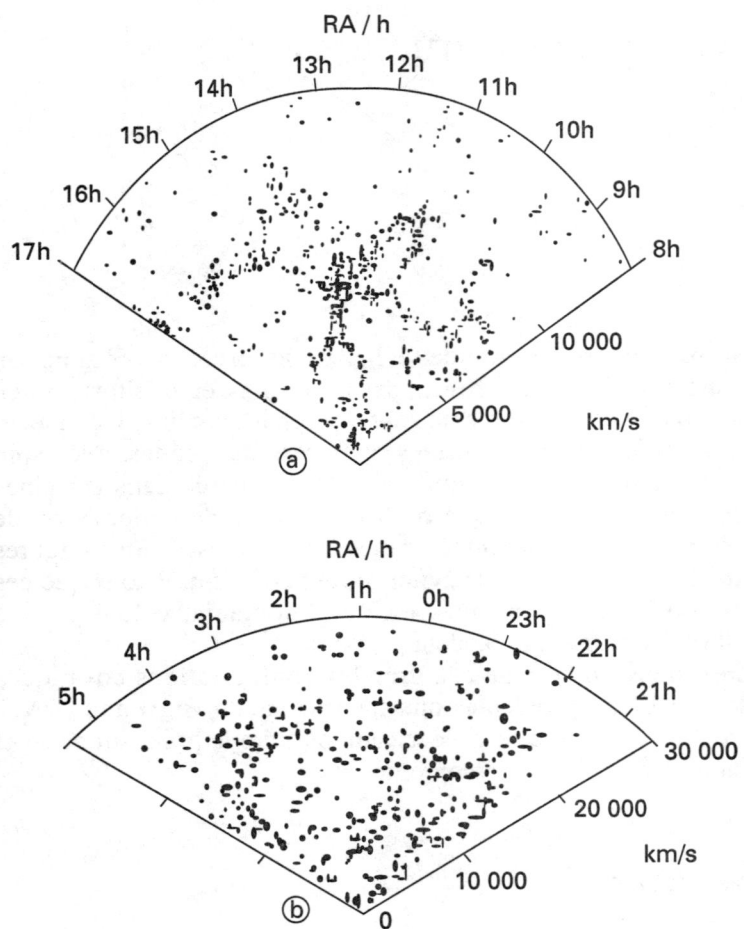

Figures 9 Aa. Répartition des galaxies jusqu'à six cents millions d'années-lumière. La distribution est loin d'être homogène. On observe des régions pratiquement vides voisinant avec des formes filamenteuses beaucoup plus denses.
9 Ab. Répartition des galaxies jusqu'à un milliard d'années-lumière. Les inhomogénéités s'estompent. A grande échelle, l'univers est homogène.

Origine des structures (1)

Quels phénomènes physiques pourraient être responsables de ces granularités du ciel ? A quel moment de l'évolution du cosmos celles-ci se sont-elles produites ? Tel est notre premier problème.

Dans le scénario habituel (Friedmann-Lemaître) du Big Bang, la création de ces fluctuations semble être en conflit avec le principe de causalité. Notre Voie lactée contient quelques centaines de milliards d'étoiles, étalées sur plusieurs milliers d'années-lumière. La théorie du Big Bang nous permet de reconstituer l'histoire antérieure de cette matière, que nous appellerons la « protogalaxie* ». La figure 10 D des *DNC* (p. 214) illustre l'augmentation du volume protogalactique au cours du temps, jusqu'à sa dimension présente.

La théorie du Big Bang décrit la croissance de la sphère de causalité dans l'univers. Elle atteint aujourd'hui quinze milliards d'années-lumière. Elle englobe tous les astres dont la lumière a eu le temps de nous rejoindre et correspond à ce que nous appelons l'« univers observable ». La croissance de cette sphère au cours du temps apparaît également sur cette figure.

Comparons ces courbes. Quand l'univers avait moins de quelques heures, le volume protogalactique était plus grand que la sphère causale ! Dans ces conditions, aucun phénomène physique n'aurait pu être en mesure de provoquer les condensations initiales sans enfreindre le principe de causalité... Comment résoudre ce paradoxe ? Voilà notre deuxième problème.

L'inflation offre à nouveau ses services

Pour expliquer la présence des granularités primordiales, les théories inflationnaires proposent un mécanisme physique très pertinent. Ces épisodes, rappelons-le, sont provoqués par l'effet de champs scalaires répartis uniformément dans l'espace (chap. 7). Uniformément ? Presque, mais pas tout à fait... En physique quantique, rien n'est jamais parfaitement uniforme. La théorie

La Première Seconde

impose l'existence de fluctuations dans la densité d'énergie des champs. Aussi petites soient-elles, ces surdensités locales suffisent à jouer le rôle qu'on en attend : engendrer les germes de structures.

Ces surdensités de l'énergie des champs scalaires sont minuscules ; l'épisode inflationnaire va se charger d'en faire croître les dimensions et de résoudre du même coup le problème de causalité. Il joue, en ce sens, le rôle d'amplificateur des fluctuations, de l'échelle « microscopique » à l'échelle « astronomique ». Après l'émission du rayonnement fossile, ces granularités donneront naissance aux grandes structures cosmiques.

Ces champs scalaires sont décidément providentiels ! Leurs fluctuations engendrent les surdensités initiales ; leurs transitions de phase et les épisodes inflationnaires qu'ils provoquent amplifient ces minuscules fluctuations jusqu'à des dimensions astronomiques. De leurs œuvres germent les galaxies qui donnent naissance aux étoiles et aux planètes où la vie peut apparaître... Quel rôle n'auront-ils pas joué dans notre existence ! On voudrait dire, comme les Italiens : « *Se non e vero, e ben trovato*[44]. » Espérons que ce scénario trouvera bientôt sa légitimation théorique et observationnelle.

Ces surdensités pourraient avoir une autre origine ; elles proviendraient, selon certains auteurs, des cordes cosmiques (chap. 8). Après sa naissance au moment d'une transition de phase, une corde cosmique poursuit une évolution rapide. Elle se déplace en se tortillant. A l'occasion, elle se reconnecte sur elle-même, formant des boucles qui se détachent. Ces boucles entrent en vibration, émettant de l'énergie sous forme d'ondes gravitationnelles (*PS*, chap. 10). Après l'émission du rayonnement fossile, ces boucles auraient amorcé des condensations de matière qui seraient à l'origine des grandes structures du cosmos.

Fluctuations d'un champ scalaire ou cordes cosmiques ? Comment choisir ? La distribution des galaxies dans l'univers contemporain pourrait en avoir gardé le souvenir. Les fluctuations, ainsi que les galaxies qui en résulteraient, sont distribuées au hasard

Origine des structures (1)

dans l'espace. Les cordes, au contraire, engendreraient des alignements d'objets célestes potentiellement détectables. Jusqu'ici, les observations n'ont pas permis de trancher entre les deux scénarios [4,5].

Une condensation trop lente

Le troisième problème de la formation des structures cosmiques porte sur la vitesse de condensation des germes.

La pression de la lumière décourage toute contraction gravitationnelle des nucléons avant l'émission du rayonnement fossile (*DNC*, p. 200). Par la suite, le taux d'accumulation de la matière est plutôt lent. Il est proportionnel à la chute de la température du rayonnement. Entre 3 000 K et 3 K (aujourd'hui), les densités n'auraient pu s'accroître, au mieux, que d'un facteur mille. Or l'amplitude des fluctuations ne dépassait pas le cent-millième au moment de l'émission du rayonnement fossile. Il manque plus d'un facteur cent...

Pour combler ce déficit, les astrophysiciens invoquent la présence d'une importante composante d'une matière « exotique ». Cette matière est pratiquement insensible aux photons. Or c'est la pression de ces particules qui empêche la condensation des nucléons avant l'émission du rayonnement fossile. En conséquence, cette composante peut amorcer sa condensation bien avant cette émission. Par la suite, elle entraîne la matière ordinaire (nucléonique) dans sa chute, augmentant ainsi considérablement le taux de germination des galaxies. Mais cette matière exotique existe-t-elle vraiment, et en quantité suffisante ? La confirmation observationnelle reste encore à venir.

La Première Seconde

Les propriétés du rayonnement fossile

On peut tester ces hypothèses d'une façon différente. Le rayonnement fossile pourrait en porter la marque.

Le satellite COBE a détecté, pour la première fois, la granularité du rayonnement fossile. Les mesures portaient sur de grandes régions de la sphère céleste, correspondant à des angles d'une dizaine de degrés (comparables à la Grande Ourse). Mais ce valeureux instrument n'est pas en mesure d'explorer des zones plus restreintes.

Plusieurs instruments au sol ont pris la relève. Après avoir confirmé les données de COBE, ils ont entrepris une exploration plus fine de la voûte céleste. Des écarts de température y ont été détectés entre des régions séparées d'environ un degré (un peu plus que le diamètre de la Lune). Résultat d'une grande importance cosmologique : l'anisothermie semble plus accentuée qu'aux angles plus grands.

Quelle est la quantité de matière contenue dans une région couvrant un degré sur la sphère céleste, à l'époque de l'émission du rayonnement fossile ? Réponse : à peu près l'équivalent d'un superamas de galaxies. Et pourquoi cette zone du ciel est-elle plus chaude que son voisinage ? L'interprétation la plus simple serait la suivante : *cette masse a déjà amorcé sa condensation*. Une grande structure cosmique, étalée aujourd'hui sur plus de cent millions d'années-lumière, est en train de naître sous nos yeux !

Cette accentuation des écarts de température aux petits angles nous intéresse particulièrement. Sa configuration précise recèle potentiellement de nombreux renseignements. Elle dépend, entre autres choses, de la densité totale du cosmos, de la valeur de la constante cosmologique et de la quantité d'ondes gravitationnelles dans le cosmos. L'étude fine de la granularité du rayonnement fossile promet d'être d'une grande richesse cosmologique.

Origine des structures (1)

Le développement des structures cosmiques

Les germes présents dans le cosmos au moment de l'émission du rayonnement fossile ont continué leur évolution tout au long de la vie de l'univers. Selon leurs dimensions, ils ont amorcé la condensation de configurations plus ou moins massives. Ces évolutions, qui se poursuivent depuis quinze milliards d'années, sont responsables de la variété des structures du cosmos.

Jusqu'à une échelle de centaines d'années-lumière, l'univers montre des inhomogénéités notables (voir figure 9 Aa, p. 180). Mais, à une échelle supérieure au milliard d'années-lumière (figure 9 Ab), la matière est beaucoup plus homogène.

Ces condensations de matière cosmique s'étudient par des échantillonnages statistiques. On mesure la quantité de matière incluse dans un certain volume d'espace (par exemple, un cube dont l'arête mesurerait cent millions d'années-lumière). On recommence cette même opération sur un ensemble de volumes de même dimension répartis dans le cosmos [46]. Certains contiennent plus de masse, d'autres moins. Par rapport à la masse moyenne, on trouvera, par exemple, des surplus (ou des déficits) allant jusqu'à 10 %. Puis on refait cette opération avec des volumes de tailles différentes. On compare les résultats. On constate que la dispersion des masses décroît rapidement avec le volume. Celle des plus grandes masses atteint à peine le millième (figure 9 B). On retrouve à nouveau l'homogénéité du cosmos à très grande échelle.

Morphologie des galaxies

L'image somptueuse des galaxies spirales de notre ciel nous est familière. Ces formes symétriques existent-elles depuis longtemps ou bien ont-elles été acquises récemment par ces structures ?

La Première Seconde

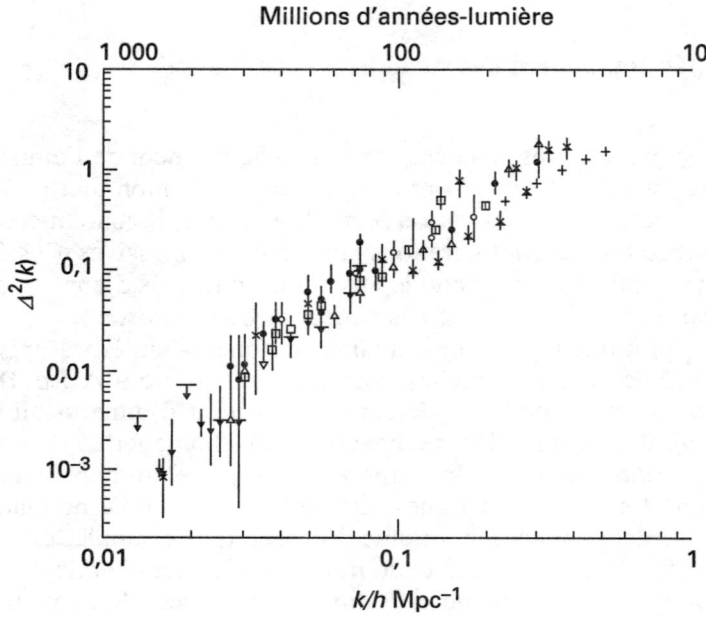

Figure 9 B. Fluctuation des cencentrations des masses en fonction de leur dimension. A l'échelle de vingt millions d'années-lumière (à droite), les différents volumes d'espace montrent de grandes variations dans le nombre de galaxies qu'ils contiennent. Plus l'échelle s'accroît, plus ces variations s'amenuisent. A l'échelle d'un milliard d'années-lumière (à gauche), elles sont réduites au millième.

Les données récentes des télescopes, en particulier du télescope spatial Hubble, nous permettent d'entrevoir une réponse à cette question. On a comparé la morphologie de galaxies situées à plusieurs milliards d'années-lumière à celle de nos voisines. Les plus anciennes sont nettement moins symétriques, quelquefois même carrément informes. Les configurations contemporaines résulteraient d'une évolution temporelle prolongée pendant des temps très longs.

Origine des structures (1)

On compte sur de nouvelles générations d'instruments pour nous permettre d'observer en détail la structure de ces galaxies embryonnaires. Le futur projet Gaia permettrait en principe d'étudier les objets les plus lointains avec une résolution inférieure à une année-lumière. Soit la distance moyenne entre les étoiles de notre ciel. On pourrait y déceler des amas globulaires !

9R. Origine des structures (2)

[piste rouge: ⚠]

Le problème de l'origine des galaxies est dominé par l'évolution temporelle de différentes « masses clés » dans un univers en expansion. Présentons-les d'abord brièvement.

Les structures correspondant aux fluctuations de densité primordiales ne peuvent commencer leur effondrement sur elles-mêmes si l'énergie gravitationnelle qu'elles renferment est inférieure à leur énergie cinétique, c'est-à-dire si leur masse est plus petite que la *masse de Jeans**. La valeur de la masse de Jeans, que nous allons évaluer ci-après, évolue au cours de l'expansion. Elle augmente rapidement pendant l'ère radiative et chute brusquement après l'émission du rayonnement fossile.

La possibilité de condenser la matière par l'effet de la force de gravité est également limitée par le principe de causalité. On appelle *masse causale* la quantité de matière qui peut être influencée par une interaction à un moment donné de la vie du cosmos. Pendant l'ère radiative, cette masse causale croît un peu plus vite que la masse de Jeans. Mais, contrairement à cette dernière, sa croissance se poursuit pendant l'ère matérielle.

Quand la masse d'une surdensité devient inférieure à la masse causale, on dit qu'elle « entre dans l'horizon ». Si, à ce moment, elle est plus petite que la masse de Jeans, elle entre dans un régime de vibrations sonores, comme une cloche. Ces vibrations sont progressivement amorties par la pression du rayonnement.

Origine des structures (2)

Les plus petites disparaissent complètement. On appelle «*masse de Silk**» la masse de la plus petite surdensité qui survit jusqu'à l'émission du rayonnement fossile. Grâce à la chute de la valeur de la masse de Jeans, elle peut alors commencer sa contraction gravitationnelle.

Les scénarios d'origine des structures font généralement intervenir une composante sombre, dite exotique, qui n'est pas affectée par la pression du rayonnement. Les surdensités de cette matière deviennent des lieux de condensation après l'émission du rayonnement fossile.

Si la masse des particules de cette composante, par exemple des neutrinos, est de l'ordre d'une dizaine d'électronvolts, ces particules demeurent relativistes pratiquement jusqu'à la fin de l'ère radiative. Leurs grandes vitesses les amènent à se propager dans un volume important. Cette dispersion assigne une limite inférieure à la dimension et à la masse des structures dont ces particules peuvent amorcer la condensation. Par analogie, cette masse limite est appelée «masse de Jeans des neutrinos». Plus la masse des particules est élevée, plus cette masse limite est faible.

La masse de Jeans

Considérons d'abord le phénomène de condensation gravitationnelle dans un milieu statique, sans expansion. Dans une masse gazeuse M, de densité ρ, de rayon R et de température T, deux forces s'opposent : l'attraction gravitationnelle vers l'intérieur et la pression thermique P vers l'extérieur. La masse de Jeans est celle pour laquelle les deux forces s'équilibrent. Dans le cas d'une nébuleuse gazeuse, à ρ et T homogènes, cet équilibre est instable : si on ajoute de la masse à une nébuleuse ayant la masse de Jeans, elle s'effondre. (Tel n'est pas le cas pour les étoiles : elles ont un gradient de ρ et de T qui rend l'équilibre stable.)

La Première Seconde

On peut estimer la masse de Jeans de diverses façons. On pose que l'énergie gravitationnelle y est égale à l'énergie thermique sommée sur tout le volume.

(1) $$G(\rho R^3)^2/R \approx P R^3.$$

De là on définit un rayon de Jeans :

(2) $$R_J \propto P^{1/2}/\rho$$

et une masse de Jeans :

(3) $$M_J \propto P^{3/2}/\rho^2.$$

Une formulation équivalente porte sur les temps caractéristiques du problème. Il y a d'abord le temps de chute libre : $t_g \propto (G\rho)^{-1/2}$. Il y a ensuite le temps que met le son à parcourir le rayon du volume $t_s = R/c_s$ où c_s est la vitesse du son dans ce milieu ($c_s^2 = P/\rho$). La masse s'effondre si $t_g < t_s$. Autrement, elle entre en vibrations sonores. La dimension minimale de cette masse est de :

(4) $$R_J \propto c_s(G\rho)^{-1/2} \propto P^{1/2}/\rho.$$

Considérons, dans un milieu homogène de densité moyenne ρ_0, le cas d'une faible fluctuation $\delta = d\rho/\rho_0$. Résolvant linéairement les équations de conservation de la masse, de la quantité de mouvement et l'équation de Newton, on obtient une équation différentielle de la forme :

(5) $$d^2\delta/dt^2 + (c_s^2 k^2 - 4\pi G\rho_0)\delta = 0$$

dont la solution s'écrit :

(6) $$\delta(r,t) = A\exp(-i\mathbf{k}\cdot\mathbf{r} + i\omega t)$$

où $\omega^2 = (c_s^2 k^2 - 4\pi G\rho_0)$ et $k \equiv |\mathbf{k}|$ le vecteur d'onde.

La masse de Jeans correspond au nombre d'onde pour lequel ω s'annule. Le vecteur d'onde de Jeans $k_J = |\mathbf{k}|_J = 2\pi/R_J$ est l'inverse du rayon de Jeans. Si ω est réel, la fluctuation entre en vibrations sonores ; s'il est imaginaire, elle croît exponentiellement :

(7) $$\delta \propto \exp(t/\tau) \quad \text{où} \quad \tau = (4\pi G\rho)^{1/2}.$$

Origine des structures (2)

Dans l'univers réel, la croissance est fortement ralentie par l'expansion de l'espace. La matière qui se condense va à contre-courant de ce qu'on appelle quelquefois le « courant de Hubble ». On ajoute un terme pour décrire ce facteur :

(8) $\quad \dfrac{d^2 \delta}{dt^2} + 2 \left(\dfrac{dR/dt}{R}\right) \left(\dfrac{d\delta}{dt}\right) + (c_s^2 k^2 - 4\pi G \rho_0) \delta = 0.$

Pendant l'ère matérielle, pour $k \ll k_j$, et si la courbure est nulle :

$(dR/dt)/R = 2(3t)^{-1}$ et $\rho_0 = (6\pi G t^2)^{-1}$ donc :

(9) $\quad d^2\delta/dt^2 + (4/3t)(d\delta/dt) - (2/3t^2)\delta = 0.$

D'où :

(10) $\quad \delta \propto t^{2/3} \propto R(t) \propto 1/T(t).$

La surdensité croît au rythme de la chute de température.

La masse de Jeans relativiste

Dans le cas d'un gaz relativiste, on a :

$P = \rho/3 \propto T^4$, donc $M_J \propto \rho^{-1/2} \propto T^{-2}.$

La relation $c_s^2 = P/\rho = 1/3$ montre que la vitesse du son est $c_s = (3^{-1/2})c \approx 0{,}58\, c$. Ce facteur intervient dans l'expression :

(11) $\quad M_J \propto (c_s)^{3/2} T^{-2}.$

Dans le fluide cosmique en expansion, la masse minimale possible de s'effondrer croît linéairement avec le temps : $t \propto T^{-2}$.

$M_J/M_{pl} = t/t_{pl}$. Cette masse atteint $M_J = 10^{18} M_\odot$ au moment de l'émission du rayonnement fossile.

La figure 9R A montre l'évolution de la masse de Jeans au cours du temps.

La Première Seconde

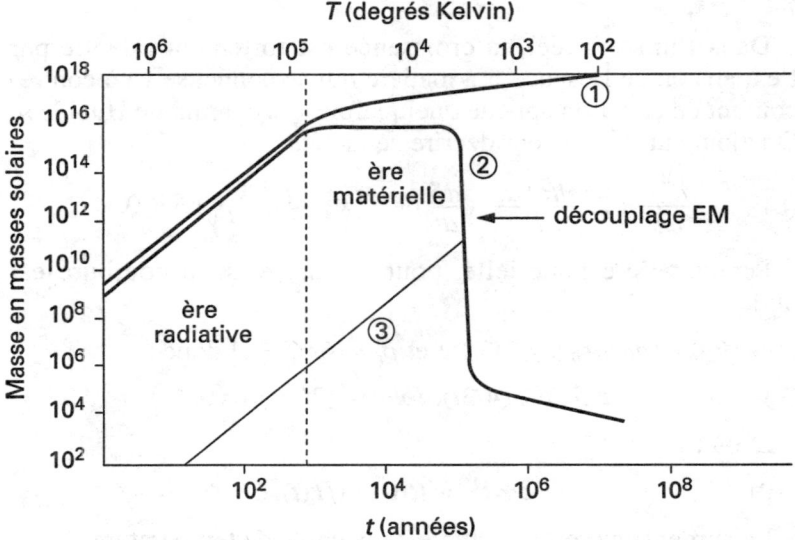

Figure 9R A. Masses importantes en cosmologie (en masses solaires) et leurs évolutions en fonction de la température (T, en haut) et du temps (t en années, en bas).
La courbe située dans la partie supérieure du dessin est la masse causale (1). En dessous, la masse de Jeans et sa cassure au moment du découplage (2). Plus bas, la masse maximale des fluctuations nucléoniques qui survivent à l'amortissement provoqué par la diffusion du rayonnement (masse de Silk) (3). Seules les fluctuations de masse supérieure à $10^{12} M_\odot$ (une « grosse » galaxie) peuvent atteindre le découplage et commencer à se former. Les masses supérieures à $10^{16} M_\odot$ (un amas de galaxies) n'entrent pas en vibrations sonores et ne subissent pas d'amortissement (d'après Joseph Silk, *The Big Bang*, W. H. Freeman and Co, San Francisco, 1980).

La masse causale

Comparons ce comportement à celui de la masse dans l'horizon pendant l'ère radiative. Le rayon de la sphère causale augmente avec t : $l(h) = 2\,ct$ (*DNC*, p. 110) tandis que la densité décroît : $\rho \propto t^{-2}$.

Origine des structures (2)

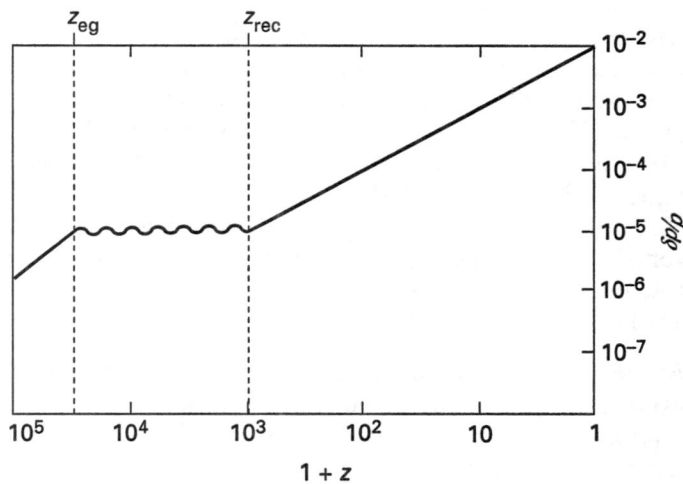

Figure 9R B. Évolution d'une surdensité. On considère l'évolution d'une surdensité de $10^{16} M_\odot$ dans un univers de densité critique. Entre z_{eg} et z_{rec} elle entre en vibrations sonores, sans contraction. Elle ne peut commencer sa contraction qu'après le découplage. Sa croissance après le découplage ne dépasse pas un facteur mille.

(12) $$M(\text{horizon}) = \rho\,(l(h))^3 \propto t \propto T^{-2}.$$

Pourquoi les deux masses croissent-elles au même rythme ($\propto T^{-2}$) ? Les deux relations résultent de l'égalité de l'énergie gravitationnelle et d'une certaine énergie cinétique. Mais avec une différence. La masse de Jeans implique l'égalité de l'énergie gravitationnelle et de l'énergie associée à la pression thermique. La masse causale implique, quand la densité est très voisine de la densité critique, l'égalité de l'énergie de gravitation et de l'« énergie cinétique » liée au mouvement des galaxies (équation dynamique du Big Bang).

Numériquement, la masse causale (proportionnelle à $c^{3/2}$) est

La Première Seconde

 légèrement supérieure à la masse de Jeans (proportionnelle à $c_s^{3/2}$).
La figure 9R A (p. 192) illustre la situation.

Dans le cas $\Omega = 1$, le passage à l'ère matérielle (densité d'énergie du rayonnement égale à celle de la matière) a lieu à $z_{eg} \approx 10^4$, $T_{eg} \approx 3 \times 10^4$, époque à laquelle la masse dans l'horizon est de $10^{16} M_\odot$. Mais si $\Omega = 0,1$ la masse dans l'horizon à cette époque est d'environ $10^{18} M_\odot$.

Nous allons suivre les péripéties d'une surdensité $\delta\rho/\rho_0$ de rayon R_f et de masse M_f. Dans la figure 9R A, les surdensités (caractérisées en ordonnées par leurs masses) évoluent le long d'une horizontale de la gauche vers la droite.

Au départ, la masse de la surdensité est supérieure à la masse causale ainsi qu'à sa masse de Jeans. Plus tard, quand la surdensité atteint l'horizon, la condensation pourrait s'amorcer. Mais, très rapidement, elle passe sous sa masse de Jeans. Elle entre en vibrations sonores qui se poursuivront jusqu'à l'émission du rayonnement fossile. Sa condensation pourra alors débuter.

La figure 9R B (p. 193) illustre le comportement d'une masse de $10^{16} M_\odot$ dont le contraste de densité, au moment du découplage est de 10^{-5}, dans un univers de densité critique. La croissance de densité entre 3 000 K et 3 K [gouvernée par l'équation (10) ne lui permet pas d'atteindre le statut de galaxie ($\delta\rho/\rho_0 \approx 10^{-2}$). Nous retrouvons le troisième problème décrit page 183.

La masse de Jeans non relativiste

Quand la température a suffisamment baissé, la pression dominante devient celle de la matière non relativiste. On a alors $P \propto nkT$ où n est le nombre de particules non relativistes de masse $mc^2 \gg kT$ par unité de volume. La vitesse du son tombe brusquement à la valeur $v_s^2 \approx (kT/m) \ll c^2$.

On a :

(13) $$M_J \propto P^{3/2}/\rho^2 \propto T^{3/2}/n^{1/2}.$$

Origine des structures (2)

L'énergie associée à la pression étant alors beaucoup plus faible que l'« énergie cinétique » associée à l'expansion, la masse de Jeans devient, en conséquence, bien inférieure à la masse causale. La masse de Jeans chute de 10^{18} à $10^5 M_\odot$.

Après le découplage, M_J reste constante ($R \propto T^{-1} \propto t^{2/3}$) mais ne nous concerne plus puisque les nucléons, découplés du rayonnement, ne sont plus inféodés à la diminution de sa température. Il nous suffit de constater que, tout de suite après le découplage, des masses supérieures à $10^5 M_\odot$ peuvent commencer à s'effondrer.

La masse de Silk

Avant le découplage électromagnétique, les fluctuations de densité dont la masse est inférieure à la masse de Jeans sont soumises à un régime de vibrations sonores amorties par l'interaction avec le rayonnement (rappelons qu'à cette époque la matière et les photons sont fortement couplés). Les photons diffusent hors des régions les plus denses vers les régions moins denses. Par le jeu des collisions entre photons et électrons, ce phénomène peut réduire considérablement l'amplitude des fluctuations. L'effet sera particulièrement sensible sur les fluctuations de petite taille.

La masse de Silk (environ $10^{12} M_\odot$) est la limite inférieure des fluctuations qui peuvent survivre jusqu'au découplage.

On peut en faire le calcul approché de la façon suivante. Soit une fluctuation de masse M, densité n de nucléons et de rayon R. On calcule d'abord le temps que met un photon à diffuser hors de cette fluctuation. Puis on calcule la masse de la fluctuation pour laquelle ce temps de diffusion est égal à l'âge de l'univers au découplage. Les fluctuations de masse totale supérieure à celle-ci seront épargnées; elles n'auront pas eu le temps d'être nivelées.

Les photons diffusent sur les électrons avec une section efficace de Thompson : $\sigma = 6{,}65 \times 10^{-25}$ cm^2. Le libre parcours moyen est de $\lambda = 1/n_e \sigma$ et le temps de parcours entre chaque collision est de $\tau = 1/n_e \sigma c$.

La Première Seconde

Dans un parcours diffusif, le nombre de collisions requis pour parcourir une distance R est donné par [47] : $R = N^{1/2} \lambda$. Le temps de diffusion total t_{diff} est donné par :

(14) $\qquad t_{\text{diff}} = N\tau = \tau(R^2/\lambda^2).$

Cette estimation donne pour $t_{\text{diff}} = t_{\text{découplage}}$ une masse de Silk de $10^{14} M_\odot$. Des calculs plus réalistes la réduisent à environ $10^{12} M_\odot$. Les surdensités de masses inférieures ne survivent pas à l'amortissement dû à la pression des photons pendant la période de vibrations sonores. La situation est illustrée par la figure 9R A (p. 192). Les masses supérieures à $10^{16} M_\odot$ n'entrent pas en oscillations.

La masse de Jeans des neutrinos

Les scénarios de « masse sombre » font intervenir des composantes de particules faiblement interactives auxquelles on demande de jouer un rôle précoce dans la germination des galaxies. Le terme HDM (*hot dark matter*) s'applique au cas de particules légères (quelques dizaines d'électronvolts) qui demeurent relativistes pratiquement jusqu'à la fin de l'ère radiative. La dimension des germes est alors limitée par la grande vitesse de ces particules. Ces scénarios ne sont pas en mesure d'amorcer la condensation d'objets moins massifs qu'un amas de galaxies.

Supposons, par exemple, une composante de neutrinos de masse de 30 eV, de densité Ω (neutrinique) = 0,9 (soit environ 400 cm^{-3}). Ces particules deviennent non relativistes à des températures inférieures à $T = 2,5 \times 10^5$ K. Dans ce cas, la densité totale est dominée par la composante non relativiste (nucléons + neutrinos) aux températures inférieures à $T_{\text{eg}} = 10^5$ K ($z = 3 \times 10^4$).

Ces neutrinos, n'interagissant pratiquement pas avec les photons, peuvent alors commencer à se condenser. Ces surdensités serviront plus tard de germes à la matière nucléonique. La dimension de ces condensations est limitée par la « masse de Jeans des neutrinos ».

Origine des structures (2)

Strictement parlant, la notion de masse de Jeans ne s'applique pas aux neutrinos puisque ceux-ci, à cause de leur faible interaction, ne contribuent (généralement) pas à la pression de la matière cosmique. Leur grande vitesse joue un rôle analogue à celui de la pression. Aussi longtemps que les neutrinos demeurent relativistes, toute fluctuation de leur densité est rapidement nivelée par la propagation rapide hors du volume initial. A des températures inférieures à $kT_\nu = m_\nu c^2$, les vitesses deviennent subluminiques et la condensation des fluctuations peut s'amorcer.

Pour obtenir la masse minimale de ces condensations, on calcule la distance maximale parcourue par un neutrino jusqu'au moment $t_\nu(T=m_\nu)$. Ce temps est donné par $t_\nu/t_{pl} \approx (m_{pl}/m_\nu)^2$. La distance $R_\nu = t_\nu c$ est le rayon minimal des condensations neutriniques. Avec l'expression $M_\nu \approx \rho_\nu R_\nu^3$ on a :

(15) $$M_{J\nu}/M_{pl} = m_{pl}^2/m_\nu^2.$$

Pour une masse neutrinique de 30 eV, on trouve environ $10^{16} M_\odot$. Le sens physique est le suivant : toute fluctuation de masse inférieure à celle-là entre dans l'horizon quand les neutrinos sont encore relativistes et, en conséquence, se nivelle rapidement par diffusion des particules individuelles dans toutes les directions.

La figure 9R C (p. 198) illustre l'effet de ces particules exotiques sur la formation des galaxies. Les surdensités de neutrinos commencent leur condensation dès le début de l'ère matérielle. Par la suite, le potentiel gravitationnel de cette surdensité accélère la concentration nucléonique.

Spectre des fluctuations de densité

Pour discuter correctement du problème de l'origine des structures cosmiques, il faut d'abord traiter la question de la distribution des surdensités primordiales et de leurs évolutions temporelles. Chaque surdensité peut être décrite en termes de son contraste $\delta\rho$

La Première Seconde

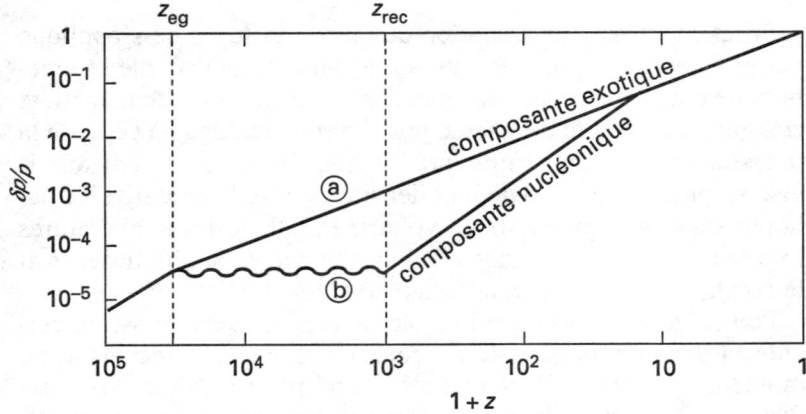

Figure 9R C. Évolution de la même surdensité avec une composante de neutrinos. L'effondrement de cette matière exotique avant le découplage (courbe a) accélère celui des nucléons (courbe b) après le découplage.

par rapport à la densité moyenne ρ_0 et de sa dimension r, ces deux paramètres permettant d'établir la masse de la surdensité.

On pose :

$$\delta\rho(x) = \rho(x) - \rho_0.$$

On développe en série de Fourier :

$$\delta\rho(x)/\rho_0 \propto \int d^3k \exp(i\mathbf{k} \cdot x)\, \delta_k$$

où les δ_k sont les transformées de Fourier du champ de fluctuations (développement en ondes planes). Aux nombres d'ondes k correspondent des dimensions comobiles $r = 2\pi/k$. On les spécifie par leurs dimensions physiques dans l'univers d'aujourd'hui.

On suppose généralement que les phases de ces ondes planes sont distribuées au hasard. (Une exception notable : les fluctuations engendrées par des cordes cosmiques.) Dans un grand volume, la valeur moyenne de $\delta\rho(x)$ est nulle mais non la valeur moyenne du carré.

Origine des structures (2)

Si le spectre est isotrope, on obtient :

$$(\delta\rho(x)/\rho_0)^2 \propto \int (dk/k)\,(k^3|\delta_k|^2).$$

La distribution des coefficients de Fourier $|\delta_k|^2$ en fonction des valeurs de k porte le nom de « spectre de puissance en k ». Il décrit l'amplitude des surdensités en fonction de leur vecteur d'onde.

Traditionnellement, et à défaut d'arguments théoriques, on pose :

$$|\delta_k|^2 \propto k^n.$$

Le cas $n = 1$ s'appelle « spectre de Harrison-Zeldovich » ou « spectre de courbure constante ». La courbure spatiale induite par ces fluctuations est indépendante de la dimension de la fluctuation. (La racine carrée de la valeur moyenne au carré du potentiel gravitationnel des fluctuations est indépendante de leur dimension.) On montre que les fluctuations des champs scalaires responsables des épisodes inflationnaires obéissent à cette distribution.

L'uniformité des écarts de température à des angles supérieurs à 7 degrés mesurés sur la voûte céleste par COBE est porteuse de renseignements sur les propriétés des fluctuations initiales responsables de la formation de structures dans l'univers. Les surdensités correspondent à des volumes d'espace supérieurs à la sphère causale au moment de l'émission du rayonnement fossile[48]. Une analyse du spectre de ces fluctuations a montré un exposant $n \approx 1$, tout a fait compatible avec le spectre de Harrison-Zeldovich. Ces caractéristiques s'expliquent bien dans le cadre des cosmologies inflationnaires.

La Première Seconde

 Évolution des structures primordiales

Au cour de l'expansion, l'amplitude de chaque coefficient de Fourier varie avec le temps. On écrit :

$$\delta_k(t) = T(k,t)\, \delta_k(0)$$

où $T(k,t)$ est la fonction de transfert qui décrit son évolution après sa formation et $\delta_k(0)$ la valeur contemporaine. Cette évolution est différente selon que la dimension k^{-1} associée à la fluctuation $\delta_k(t)$ est plus petite ou plus grande que l'horizon.

Avant d'entrer dans l'horizon, une fluctuation ne peut pas ressentir d'effets physiques dans l'ensemble de son volume. Son évolution est gouvernée par celle de la métrique de l'univers. On montre qu'elle croît avec le carré du facteur d'échelle pendant la phase radiative, et comme le facteur d'échelle pendant la phase matérielle.

Les fluctuations de grandes dimensions ($M > 10^{18}\, M_\odot$) entrent dans l'horizon après le découplage. Elles continuent leur croissance (proportionnellement au facteur d'échelle) sans interruption. C'est le cas des fluctuations observées par COBE. Les plus petites, à l'inverse, entrent en vibrations sonores et ne croissent pas jusqu'au découplage. Grâce à la diminution brutale de la masse de Jeans (figure 9R A, p. 192), elles peuvent ensuite poursuivre leur concentration.

Le retard ainsi subi par les fluctuations de petites tailles laisse sa trace sur la forme du spectre. Il lui imprime une masse caractéristique, celle de la fluctuation qui entre dans l'horizon au moment du passage de l'ère radiative à l'ère matérielle.

La comparaison avec les condensations de matière cosmique se fait soit en termes de $|\delta_k|^2$, soit en termes de ($\Delta^2 k \equiv k^3 |\delta_k|^2$). Cette dernière expression appelée « puissance par intervalle logarithmique en k » décrit approximativement l'amplitude de la fluctuation de masse $\delta M/M$ moyennée sur une distance $r = 2\pi/k$.

La figure 9R D présente l'évolution des amplitudes à la fin de la phase linéaire (quand $\delta\rho(x)/\rho_0$ atteint la valeur unité), en fonction de leurs dimensions dans le cas d'un spectre initial de $n = 1$.

Origine des structures (2)

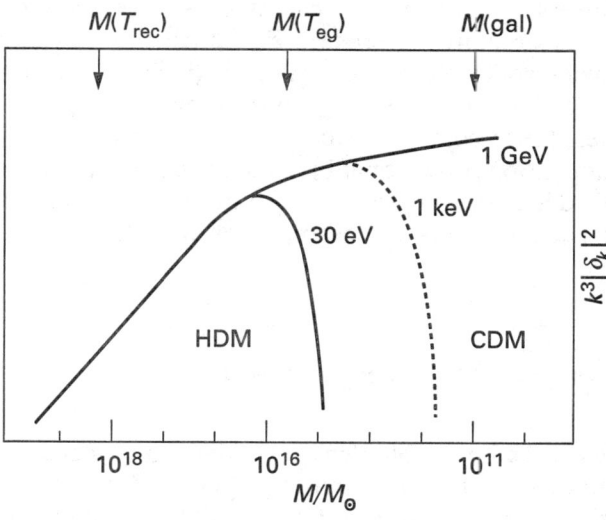

Figure 9R D. Amplitude théorique du spectre de fluctuations ($\Delta^2 k \equiv k^3|\delta|^2$), pour le cas $n \approx 1$, à la fin de la phase linéaire($\delta\rho/\rho = 1$) en fonction de la masse des particules de leur composante exotique. La masse de Jeans des neutrinos de 30 eV ne permet pas la condensation de structures de dimensions galactiques.

La masse caractéristique décrite précédemment provoque un changement de pente prononcé du spectre.

La forme de la courbe dépend de la nature de la matière exotique invoquée pour accélérer la germination des structures. Si la masse des particules de cette composante est élevée (comparable ou supérieure à la masse du proton : on utilise le sigle CDM pour *cold dark matter*), il n'y a pas de maximum dans la courbe. Pour les grandes dimensions qui entrent dans l'horizon avant le découplage, le spectre est en k^4. Les vibrations sonores retardent la croissance des plus petites surdensités, proportionnellement à leur taille. Le changement se fait progressivement à partir de la masse de $10^{16} M_\odot$.

La Première Seconde

 A l'inverse, pour le cas des particules légères (*hot dark matter* : HDM), les structures inférieures à la dimension des grands amas de galaxies sont effacées. La chronologie subséquente implique alors une fragmentation des grands amas en galaxies individuelles. Cette contrainte occasionne un retard supplémentaire à leur apparition peu compatible avec les observations de galaxies à grand décalage spectral. Pour toutes ces raisons, on admet que le scénario HDM n'est pas compatible avec les observations.

L'analyse complète : aperçu présent

La figure 9R E présente l'ensemble des données que les modèles d'évolution des structures devront expliquer. On a mis simultanément plusieurs échelles : la dimension des structures et l'angle qu'elles découpent dans le ciel. Dans la partie de gauche, les données proviennent de COBE ainsi que de mesures récentes du rayonnement fossile à angles plus petits. Les structures correspondantes ne sont pas encore entrées dans l'horizon. Elles ont pratiquement gardé leur apparence initiale. A droite, les structures proviennent des échantillonnages d'amas et de galaxies sur des volumes de plus en plus petits (figure 9 B, p. 186).

La situation évolue très vite. Les données aussi bien que les conclusions doivent continuellement être mises à jour.

Le modèle HDM, nous l'avons vu, semble aujourd'hui discrédité par son inaptitude à produire à temps des structures de dimensions galactiques (figure 9R D, p. 201).

Le scénario CDM a lui même beaucoup de problèmes. Il s'accommode difficilement de la quantité de structures supérieures à 300 millions d'années-lumière observées aujourd'hui (figure 9R E).

De surcroît, les vitesses propres des galaxies calculées dans ce modèle (c'est-à-dire après soustraction du mouvement d'expan-

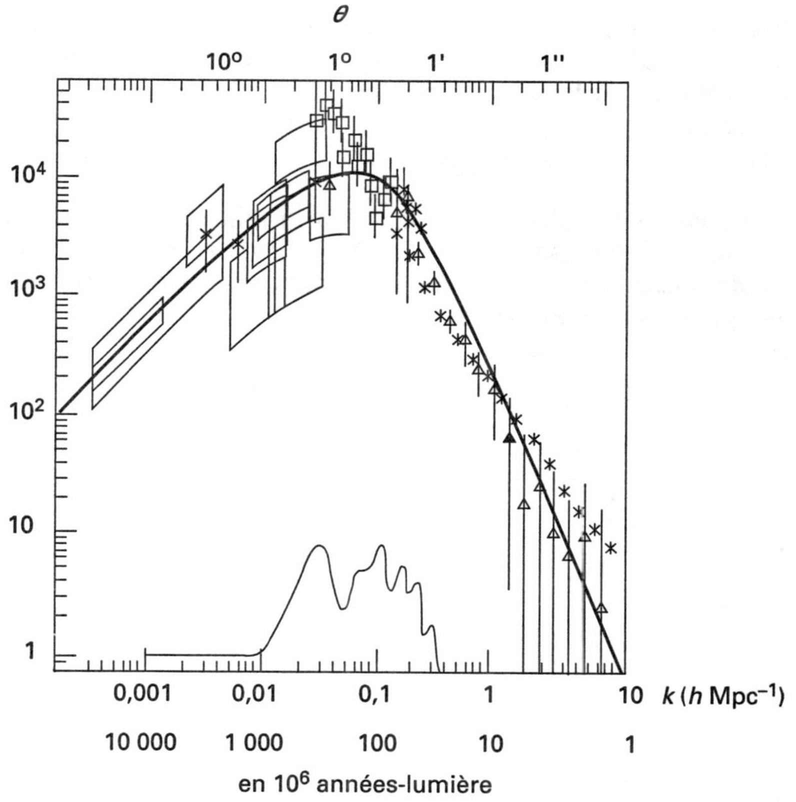

Figure 9R E. Rayonnement fossile et concentration de masses.
Ensemble des données obtenues par l'étude du rayonnement fossile (à gauche) et par les échantillonnages des structures comme dans la figure 9 B (à droite). Ici, l'ordonnée est $|\delta_k|^2 = \Delta^2 k/k^3$. La courbe en gras est la prédiction du modèle CDM. On note le surcroît observé de fluctuations de masse autour de 300 millions d'années-lumière.

Le dessin d'en bas illustre les écarts théoriques de température du rayonnement fossile, attendus à des angles inférieurs à un degré. Leur forme détaillée, quand ils auront été mesurés avec précision, deviendra une mine de renseignements cosmologiques.

203

La Première Seconde

 sion de l'univers) sont nettement inférieures aux vitesses observées. Par ailleurs, toujours selon ce modèle, les galaxies ne devraient pas apparaître avant l'époque correspondant à $z = 1$ ou 2. Or on observe des quasars à $z \approx 5$, ainsi que des galaxies à $z = 2$ ou 3 et qui sont déjà vieilles.

Au vu de ces difficultés, un scénario mixte de CDM et de HDM est maintenant à la mode. On y ajoute aussi souvent une faible constante cosmologique. Ce scénario assez alourdi ne satisfait pas tous les chercheurs.

10. L'astronomie des ondes gravitationnelles

Nous avons maintenant atteint les limites de notre parcours temporel. Dans ce trajet, nous avons d'abord été guidés par des observations du ciel et des atomes du cosmos. Au-delà de la portée de nos télescopes et de nos accélérateurs, la physique théorique nous a servi de relais, avec toutes les incertitudes qu'un tel guide implique. Quel espoir avons-nous aujourd'hui d'obtenir des données observationnelles sur ces régions profondément mystérieuses que nous avons appelées « pénombres cosmiques » et « *terra incognita* » ?

Une fenêtre existe qui s'entrouvre lentement depuis plusieurs décennies. Là où ni la lumière ni les neutrinos ne peuvent passer, les ondes gravitationnelles circulent sans problème. Leur pouvoir de pénétration est si grand qu'elles pourraient nous parvenir d'au-delà du mur de Planck. Mais ce pouvoir de pénétration a un prix : leur grande discrétion. Leur faible interaction avec la matière les rend extraordinairement difficile à détecter. Mais, d'abord, quelques mots sur la nature de ces ondes.

Qu'est-ce qu'une onde gravitationnelle ?

La rotation de la Terre lui permet de résister à l'attraction du Soleil. L'orbite, stable, est répétée inlassablement. Imaginons qu'un malin génie s'avise de secouer notre Soleil comme on secoue un prunier. Ces mouvements modifieraient la dis-

La Première Seconde

tance Terre-Soleil et, en conséquence, leur attraction mutuelle. Comment la Terre réagirait-elle ?
   Une image simple va nous éclairer. Agitons la surface calme d'un étang en la frappant périodiquement avec la pointe d'un bâton. Des ondes concentriques se forment et se propagent lentement. Au loin, des objets flottants, rejoints par l'onde, s'agitent à leur tour, montent et descendent au rythme des vaguelettes qui les soulèvent. L'énergie qui les anime, issue du mouvement du bâton, a été véhiculée par l'onde aquatique. Ces objets la diffusent en émettant à leur tour de nouveaux trains d'ondes concentriques qui couvrent progressivement toute la surface de l'étang.
   D'une façon analogue, la lumière est engendrée par le mouvement des charges électriques. L'onde produite par l'agitation des électrons dans le filament d'une ampoule se propage dans l'espace. Elle transporte au loin les forces électriques et magnétiques issues des charges en mouvement. Quand une lampe brille, l'énergie prise au secteur est réémise sous forme d'ondes lumineuses.
   Quand cette onde rencontre sur son chemin des charges électriques, elle les met en mouvement. Ces particules oscillent à leur tour et émettent elles-mêmes de la lumière. Cette transmission d'énergie n'est pas instantanée. Il faut parcourir les distances qui les séparent. Une seconde, si la distance est de trois cent mille kilomètres (une seconde-lumière) ; huit minutes entre le Soleil et la Terre ; deux millions d'années pour la galaxie d'Andromède.
   L'agitation du Soleil provoquée par notre malin génie engendrerait une émission d'ondes gravitationnelles. Analogues aux ondes électromagnétiques, ces ondes véhiculent, à la vitesse de la lumière, l'effet de ces mouvements. Après huit minutes, notre planète serait secouée au rythme des secousses solaires. Ces mouvements terrestres émettraient, à leur tour, des ondelettes que la Lune sentirait une seconde plus tard. Progressivement, et en fonction des distances, toutes les planètes entreraient dans le bal. Après quatre ans, ces ondes, fortement atténuées, atteindraient les premières étoiles ; après quelques millions d'années, les galaxies voisines.
   En résumé, l'agitation d'un corps massif est une source

L'astronomie des ondes gravitationnelles

d'ondes gravitationnelles, tout comme l'agitation d'une charge électrique produit une onde électromagnétique. Un homme qui court, une balle qui vole, un moustique qui bat des ailes en émettent, tout comme notre agitateur solaire.

Le pulsar double

L'existence de telles ondes nous est imposée par la relativité générale d'Einstein. Pourtant, nous ne les avons encore jamais détectées. Leur faible amplitude est bien en deçà des capacités de nos détecteurs. Et si ces ondes n'existaient pas ? Le physicien ne se contente pas des diktats d'une théorie. Il veut des preuves tangibles. A défaut d'observations directes, nous avons maintenant des signes indirects en faveur de l'existence des ondes gravitationnelles.

La théorie de la relativité prétend décrire correctement le comportement des objets soumis à la force de gravité. Au voisinage de la Terre et du Soleil, cette théorie passe brillamment son examen. La planète Mercure, les sondes spatiales, les ondes radio circulant près de notre étoile ont magnifiquement confirmé ses prédictions. Mais il s'agit de champs de faible intensité. La théorie est-elle aussi efficace là où la gravité est très intense ?

Les astronomes ont découvert, en 1974, dans la constellation de l'Aigle, un phénomène astronomique tout à fait remarquable. Un pulsar* est en orbite rapprochée autour d'une étoile. La distance entre ces astres n'est que de quelques millions de kilomètres (bien inférieure à la distance Terre-Soleil) et leur période orbitale d'un peu moins de huit heures.

Les pulsars sont des astres minuscules et extrêmement denses. Confinées dans un rayon d'une quinzaine de kilomètres, leurs densités se chiffrent en milliards de tonnes au centimètre cube ! Les pulsars sont les résidus de la mort et de l'effondrement d'étoiles massives.

La Première Seconde

Ils sont animés de rapides mouvements de rotation. Celui de l'Aigle tourne sur lui-même dix-sept fois par seconde ! Le mince faisceau lumineux qu'il émet fait de lui un gyrophare cosmique. Il s'allume et s'éteint à ce rythme ; d'ou le nom de pulsar.

Pour les physiciens, ce duo stellaire est un don du ciel. A cause de leur très faible distance mutuelle, ces étoiles exercent l'une sur l'autre un champ de gravité d'une puissance extraordinaire [49]. De surcroît, elles se chargent, par leurs mouvements respectifs, d'effectuer les tests qui permettent de mettre la théorie à l'épreuve.

Un métronome astronomique

Les pulsars sont de véritables métronomes stellaires. La pulsation se maintient avec une régularité prodigieuse. Le pulsar de l'Aigle, pourtant, montre de très faibles variations rythmiques, provoquées par la présence de l'autre étoile. L'étude de ces comportements est une mine de renseignements astronomiques. Depuis 1974, plusieurs groupes de chercheurs, dont l'astronome Thibaud Damour de l'observatoire de Meudon, en ont tiré des conclusions du plus haut intérêt.

Deux astres en orbite mutuelle forment, en général, un système stable. La rotation peut se poursuivre indéfiniment. Un satellite artificiel autour de la Terre poursuit une course inchangeante si son altitude le place au-dessus de la couche atmosphérique (plus d'un millier de kilomètres de hauteur). Sinon, le frottement sur l'air raréfié s'oppose à son mouvement et lui fait perdre de l'énergie et de l'altitude. L'orbite se rapproche de la surface terrestre. Sa période de révolution diminue, il finit par rentrer dans l'atmosphère, il s'échauffe par frottement sur l'air et se vaporise progressivement.

Selon la théorie d'Einstein, les mouvements des corps dans leur champ de gravité mutuel provoquent l'émission d'ondes gravitationnelles. Pour un satellite artificiel terrestre, cette émission,

L'astronomie des ondes gravitationnelles

entièrement négligeable, n'a aucun effet mesurable sur son orbite. Tel n'est pas le cas pour le couple d'étoiles dans l'Aigle. L'intense émission d'ondes gravitationnelles représente une perte d'énergie qui a pour effet de les rapprocher. La période de rotation décroît. Les observations montrent effectivement que, depuis 1974, elle a diminué de plusieurs secondes (figure 10 A).

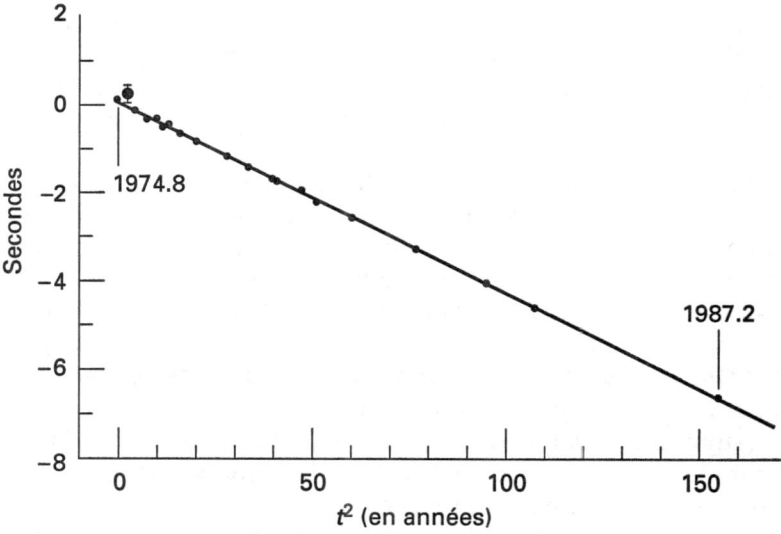

Figure 10 A. **Déphasage de l'orbite d'un pulsar** (depuis sa découverte en 1974). Les points noirs sont les mesures. Ce déphasage est provoqué par l'émission d'énergie. Le trait en gras indique le déphasage prévu si cette perte d'énergie est due à l'émission d'ondes gravitationnelles. L'excellent accord entre la théorie et les observations confirme l'existence des ondes gravitationnelles.

Sur la figure, la courbe en gras illustre la décroissance prévue par la relativité générale. Les observations sont en excellent accord avec ses prédictions. La théorie décrit correctement le comportement de la matière soumise à de forts champs de gra-

La Première Seconde

vité. Cette confirmation nous donne confiance en ses affirmations. L'existence des ondes gravitationnelles devient hautement crédible.

Les gravitons existent-ils ?

Au XIXe siècle, Maxwell et ses collaborateurs montrent que la lumière est une onde électromagnétique. Dans le cadre de cette théorie, on arrive à expliquer correctement un grand nombre de manifestations de la lumière : interférences, diffractions, réfractions, etc.

Puis, au début de notre siècle, le physicien Max Planck découvre un autre caractère de la lumière : sa granularité. Le flux d'énergie lumineuse n'est pas continu : il arrive sous forme de particules individuelles : les photons. Les « clic, clic » dans les détecteurs nous permettent de les identifier individuellement. En diminuant l'intensité d'une source, on arrive à émettre les photons un par un. En 1905, Einstein utilise ce concept de « photon » pour interpréter l'effet photoélectrique.

Aujourd'hui, la théorie électromagnétique nous permet de prévoir dans quelles circonstances la lumière va se comporter comme une onde ou comme une particule. Ici, plus de mystère. Cette théorie est un des hauts sommets de la science moderne.

Ce succès suggère une situation analogue au sujet de la gravité. Comme l'onde électromagnétique, l'onde gravitationnelle serait-elle « granuleuse » ? Transporterait-elle des particules individuelles, les « gravitons », analogues aux photons de la lumière ?

Malheureusement, il nous est encore impossible de répondre d'une façon définitive. Les difficultés énormes posées par le mariage de la physique quantique et de la relativité générale ont été décrites au chapitre 6. Malgré d'immenses efforts et quelques avancées partielles, on en est encore au niveau des balbutiements. Nous ne savons pas, avec certitude, si les gravitons existent ou

L'astronomie des ondes gravitationnelles

non. Ils n'ont pas été détectés en laboratoire et la théorie qui pourrait prévoir leur existence est encore à écrire.
Cette difficulté, pourtant, n'est pas fondamentale pour nous. A défaut d'être persuadés de la réalité des gravitons, les observations du couple stellaire de l'Aigle nous invitent à admettre l'existence des ondes gravitationnelles. Aussi allons-nous essayer de les utiliser pour explorer le cosmos.

Projets de détection des ondes gravitationnelles

Comment détecter une onde gravitationnelle ? La méthode est analogue à celle des sismographes détecteurs des tremblements de terre. Deux objets massifs, disposés à distance, servent d'appareil de mesure. A l'arrivée d'un train d'ondes, ces masses entrent en oscillation. C'est la très faible amplitude de ces mouvements qui pose problème. Dans le cas d'une onde gravitationnelle d'origine stellaire typique, deux masses séparées par mille kilomètres bougeraient d'une distance comparable au diamètre d'un proton ! Même séparées par la distance Terre-Soleil, leur mouvement relatif resterait inférieur au centième de micron. De quoi décourager les expérimentateurs les plus hardis ! Einstein était convaincu que l'on n'y arriverait jamais.

Les physiciens pourtant ne manquent ni de courage ni d'imagination. Les techniques les plus sophistiquées de la science contemporaine ont été mises en œuvre. Après plus de trente ans d'efforts, les projets sont près d'aboutir.

La technique favorite implique des faisceaux laser circulant dans des tubes évidés de plusieurs kilomètres de longueur. Les masses détectrices sont situées aux extrémités des tubes. Le déphasage des faisceaux nous permet de mesurer avec une époustouflante sensibilité le mouvement relatif des masses.

Mais comment savoir si les perturbations proviennent vraiment des astres ? Un tremblement de terre ou le passage d'un camion

La Première Seconde

produiraient des effets semblables et beaucoup plus intenses. Comment identifier la présence d'une onde d'origine astronomique?
 On met en correspondance deux détecteurs situés à des milliers de kilomètres. La détection simultanée d'un événement analogue dans les deux instruments est la meilleure signature d'une origine extraterrestre. Deux projets sont en préparation, en Europe et aux États-Unis. Les premières détections pourraient être annoncées dans moins de dix ans. A plus long terme, on projette un instrument lancé dans l'espace. On chercherait alors à détecter les variations de la distance entre deux satellites en orbite autour de la Terre.

Sondeur des profondeurs denses

 Que faut-il attendre de l'étude des ondes gravitationnelles? Que pourrait-elle nous apprendre au-delà des connaissances acquises par la lumière des étoiles et des galaxies?
 Nos yeux voient les astres parce que les photons interagissent fortement avec la matière. Cette puissante interaction comporte aussi un inconvénient : les photons sont facilement absorbés. Une simple feuille de papier suffit à diminuer considérablement l'éclat du Soleil.
 Jusqu'au milieu de notre siècle, les photons constituaient notre seul moyen d'observer le ciel. Des étoiles, nous ne pouvions voir que leurs couches les plus superficielles. Leur intérieur est opaque aux rayons lumineux. Seule la théorie permettait de pénétrer et d'analyser les cœurs stellaires.
 La détection des neutrinos solaires, vers 1964, a changé cette situation. Soumises à l'interaction faible, ces particules sont beaucoup moins absorbées que les photons. Elles nous parviennent directement du noyau solaire et ont confirmé l'origine nucléaire de l'énergie stellaire. En 1987, nous avons reçu une dizaine de neutrinos provenant de l'explosion d'une supernova dans le

L'astronomie des ondes gravitationnelles

Grand Nuage de Magellan. Grâce à eux, nous avons pu reconstituer les événements qui accompagnent l'effondrement d'une étoile massive. Ces particules, pourtant, ne provenaient pas du cœur même de la masse implosante. A cause de son extrême densité, le centre de l'étoile était opaque aux neutrinos. Seules les ondes gravitationnelles auraient pu émerger de ce noyau sur lequel, en quelques millièmes de seconde, une masse comparable à celle du Soleil venait de s'effondrer. Mais aucun détecteur terrestre n'était encore en mesure de les détecter.

Les ondes gravitationnelles résultent typiquement des mouvements rapides d'immenses masses stellaires. Leur extraordinaire « discrétion » leur permet de traverser les couches les plus épaisses sans être notablement affaiblies. En ce sens, elles sont complémentaires des photons et des neutrinos. Chaque type de rayonnement peut nous apporter des renseignements différents sur les phénomènes cosmiques. Ce sont autant de fenêtres ouvertes sur le monde.

Quels sont les phénomènes astronomiques que ces instruments pourraient détecter? Les candidats les plus plausibles sont les collisions d'étoiles et les explosions de supernovae. Comment pourrions-nous les reconnaître?

Le pulsar de l'Aigle se rapproche lentement de son compagnon. Les vitesses orbitales augmentent; la période de rotation diminue et le champ de gravité mutuel s'amplifie. L'intensité des ondes émises par ce couple stellaire va croître jusqu'au moment où les surfaces vont se frôler. La fusion des astres entraînera une interruption soudaine de l'émission d'ondes.

Des messages en provenance de la *terra incognita*!

En quoi les ondes gravitationnelles pourraient-elles intéresser la cosmologie? La matière cosmique est opaque aux photons quand la température dépasse trois mille degrés. Au-delà de dix

La Première Seconde

milliards de degrés, elle est opaque même aux neutrinos. Mais grâce à leur intense pouvoir de pénétration, les ondes gravitationnelles pourraient nous permettre d'ausculter le cosmos jusqu'à la température de Planck (*DNC*, p. 130)!

La théorie du Big Bang impose l'existence du rayonnement fossile de photons détecté par Penzias et Wilson. Elle prédit également l'existence d'un rayonnement fossile de neutrinos qu'il nous est encore impossible de détecter. Que nous propose-t-elle au sujet des ondes gravitationnelles ?

D'abord, l'existence d'un rayonnement fossile de gravitons. Sa température présente serait de 0,9 K (comparée à 1,9 K pour les neutrinos et 2,7 K pour les photons). De surcroît, les épisodes inflationnaires y auraient vraisemblablement laissé leurs traces tout comme les hypothétiques cordes cosmiques. Des émissions plus précoces encore pourraient nous parvenir d'au-delà du mur de Planck, nous donnant ainsi un accès direct à notre ultime *terra incognita*. Rien ne nous permet de prédire ce qu'elles nous révéleront...

D'un façon générale, ces ondes contiennent en puissance des renseignements de toute première valeur pour les problèmes de la science contemporaine. En physique, elles nous parleront peut-être de l'unification des forces et de la constante cosmologique. En astronomie, elles nous renseigneront sur la mort des étoiles massives et sur la formation des trous noirs. Et elles nous permettront peut-être d'aller plus loin encore dans notre exploration des premiers âges de l'univers.

11. La place de l'homme dans l'univers

L'univers est un vaste laboratoire ouvert au champ de l'analyse scientifique. L'accélérateur nous permet d'en simuler le comportement passé, tandis que le télescope nous en montre l'aboutissement. La physique des hautes énergies nous a permis d'identifier l'existence d'événements anciens qui y ont laissé leurs marques et dont les empreintes façonnent le cosmos actuel. Des phénomènes au niveau subatomique se répercutent sur les plus grandes structures de l'univers. L'inventaire des particules élémentaires et de leurs propriétés est relié à la distribution spatiale et aux vitesses des galaxies. Des hypothèses relatives au domaine de l'« extrêmement petit » sont testées par des observations dans l'« extrêmement grand » et *vice versa*. Nous vivons un chapitre fascinant de la recherche scientifique : la jonction de la microphysique et de l'astrophysique pour explorer le passé du cosmos.

A mi-chemin entre ces infinis, l'esprit humain cherche à comprendre d'où il vient. Ses milliards de neurones, nés de l'évolution cosmique, se mettent au travail pour reconstituer sa propre histoire. Dans une salle de conférences, des chercheurs se rassemblent pour échanger leurs travaux. Ils mettent en commun leurs savoirs, scrutent toujours plus avant les mystères du cosmos.

La Première Seconde

Le principe anthropique

L'astrophysicien, au travers des progrès de sa science, découvre avec stupeur combien son existence est « fragile ». Elle tient à un fil tendu sur des myriades d'échafaudages. Qui auraient pu ne jamais se construire. Ou mille fois s'écrouler.

Cette constatation pourtant en appelle une autre, tout aussi pressante. Si ce fil n'avait pas été tendu, si ces échafaudages ne s'étaient pas élaborés, « personne » ne s'en apercevrait ! Le fait même que la question soit posée implique qu'il est possible de la poser ! Elle implique que le fil tendu perdure, quelles que soient sa fragilité et sa précarité. Dans un univers stérile, personne ne cherche à savoir pourquoi il est stérile.

Ces considérations plongent souvent l'être humain dans un mystère qui le dépasse. Pour retrouver son souffle, il demande un moment de réflexion. Est-il enfermé dans son propre raisonnement ? Est-il le jouet d'une illusion ou d'une tautologie ? Est-il mené en bateau par son insatiable désir de « sens », par son allergie incontrôlable pour l'« absurde » ? Est-il la victime de son optimisme viscéral ? Rêve-t-il en Technicolor ?

Dans leur version contemporaine, ces réflexions se regroupent sous le nom de « principe anthropique ». De ce principe, on trouve, dans la littérature, une bonne demi-douzaine de formulations différentes. Version « faible », « forte » ou autre, chacun y met ce que ce thème lui inspire. Preuve, s'il en fallait, de l'aspect hautement subjectif et personnel de ces discussions.

Les objections ne lui ont pas manqué. De ce principe, on a dit qu'il était « vide de contenu », « tautologique », « parfaitement anthropomorphique ». On a parlé du « retour du religieux ». On y a vu une résurgence du « dieu des failles ». Ce dieu auquel certains font appel devant un phénomène apparemment inexplicable, mais que la science déloge quand elle en trouve l'explication. Les enseignants du collège religieux où j'ai fait mes études parlaient ainsi de la « lumière froide » des lucioles

La place de l'homme dans l'univers

qui, selon eux, tenait du miracle. Aujourd'hui, on en connaît les mécanismes.

A mon avis, ces objections contre le principe anthropique ne sont pas valables. J'énonce d'abord ma version favorite de ce principe. Je dirais : « L'univers possédait, dès les premiers instants, les propriétés requises pour élaborer la complexité. » Ces propriétés comprennent aussi bien les lois de la physique, les nombres qui les caractérisent et les paramètres globaux du cosmos (densité, populations de particules, etc.). Je voudrais montrer que cet énoncé n'est pas aussi banal qu'il peut sembler. Pour cela, nous allons faire un peu de « science-fiction ».

Paramètres stériles et paramètres fertiles

Nous allons imaginer l'existence d'autres univers dans lesquels ces propriétés auraient été au départ différentes. Supposons arbitrairement qu'elles aient pu avoir toutes les valeurs numériques possibles.

Grâce à nos puissants ordinateurs, nous sommes en mesure de calculer et de prévoir le développement ultérieur de ces univers hypothétiques. Selon leurs propriétés initiales, ils poursuivraient une évolution différente du nôtre. Mais, surprise, la quasi-totalité resterait « stérile ». Ils ne sortiraient jamais de leur état chaotique initial ! Seule une fraction infime échapperait à cette stérilité et en viendrait à héberger des êtres complexes.

Disons-le autrement : dans l'ensemble des paramètres cosmologiques possibles, il existe un petit sous-ensemble de paramètres dits « fertiles » qui permettent l'élaboration de la complexité. Notre dessin illustre la situation (figure 11 A, p. 218). Chaque point de sa surface représente un univers possible avec sa cohorte de paramètres. Le sous-ensemble des points fertiles constitue une fraction minuscule de cette surface. Le reste de l'ensemble est « stérile ».

La Première Seconde

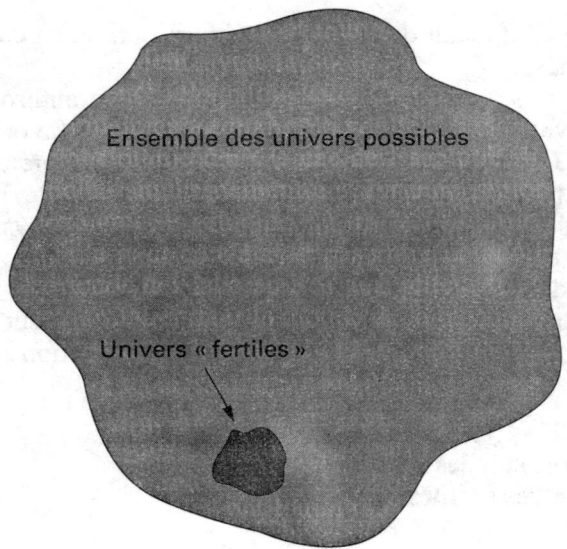

Figure 11 A. Univers fertiles. Chaque point du grand cercle représente un univers possible, défini par l'ensemble des paramètres qui le caractérise. Les points propres aux univers fertiles se situent dans le petit cercle.

Les illustrations sont nombreuses. L'exemple le plus frappant est sans doute celui du carbone, mis en évidence par Fred Hoyle. Une variation infinitésimale de l'intensité de la force nucléaire suffirait à réduire quasi à néant la génération de carbone dans les étoiles. Et, sans carbone sur la Terre, les premières cellules vivantes seraient-elles apparues ?

La figure 5 E des *DNC* (p. 74) montre le rôle de la densité d'énergie dans l'évolution du cosmos. Les univers peu denses ne forment jamais d'étoiles, et donc jamais d'atomes lourds. Les univers très denses ne durent pas assez longtemps pour voir l'éclosion de la complexité. Seuls ceux qui sont situés dans la tranche centrale peuvent héberger des plantes et des animaux.

La place de l'homme dans l'univers

Dans son livre *Dreams of a Final Theory*, le physicien Steven Weinberg discute des rapports entre la constante cosmologique et l'existence de la vie sur la Terre. Une valeur trop élevée de cette constante aurait neutralisé toute chance de former des galaxies. La valeur limite tolérable est à peine plus élevée que la limite supérieure assignée par les observations. Nous ne savons pas la valeur précise de cette constante, mais notre existence même nous indique qu'elle doit être extrêmement faible par rapport aux estimations des physiciens...

Ces arguments montrent que le principe anthropique n'est pas « vide de contenu ». Les réalités qui le sous-tendent nous interrogent. Ce principe nous mène à la frontière où les découvertes scientifiques rencontrent la philosophie. Ce n'est pas un « retour » du religieux mais plutôt une ouverture nouvelle sur l'interrogation métaphysique et religieuse. A chacun de l'aborder à sa façon.

Des univers à la pelle

L'idée d'une multitude d'univers différents apparaît dans bon nombre de scénarios cosmologiques. Dans le modèle d'inflation chaotique de Linde (p. 139), par exemple, notre monde est une « bulle » dans un cosmos beaucoup plus grand, composé d'une myriade de bulles analogues (figure 11 B, p. 220). Ces cosmos apparaissent, s'étendent et s'effondrent ensuite pour disparaître en « Big Crunches* », tandis qu'ailleurs d'autres univers naissent et évoluent. Dans le « grand univers », des générations de mondes comme le nôtre se succèdent indéfiniment.

Les lois de la physique ne sont pas nécessairement les mêmes dans chacune de ces bulles. Notre brève présentation de la théorie des supercordes nous a ouvert des possibilités nouvelles à ce sujet. Chaque bulle pourrait avoir son propre nombre de dimensions spatiales et temporelles.

Dans notre monde, il y a trois dimensions d'espace et une de temps. Mais en d'autres univers la situation pourrait être diffé-

La Première Seconde

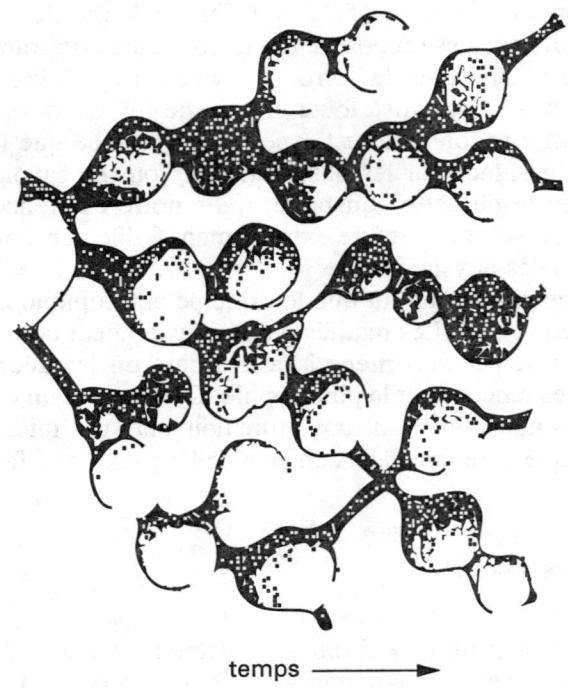

temps ⟶

Figure 11 B. Modèle d'Andreï Linde. Dans ce modèle, notre univers est une bulle dans un grand univers où des cosmos continuellement apparaissent et disparaissent. Le temps va de la gauche vers la droite.

rente ! Quatre dimensions d'espace et deux de temps, par exemple. Ou toute autre combinaison possible... Les forces pourraient y être plus ou moins intenses et les masses des particules totalement différentes...

Ces possibilités sont importantes dans le cadre de notre discussion du principe anthropique. L'interprétation serait alors la suivante. Les seuls univers « observables » seraient ceux dans lesquels les lois de la physique peuvent provoquer la croissance

La place de l'homme dans l'univers

de la complexité et engendrer un observateur. Ce modèle fournirait donc une trame dans laquelle l'énigme posée par le principe anthropique pourrait prendre place.

« Au commencement était la physique quantique »

Plusieurs modèles d'univers bâtis autour de cette hypothèse sont apparus récemment dans la littérature. Ils rencontrent au départ le problème de la densité discuté dans les chapitres précédents. Leur crédibilité exige que l'univers ait *très exactement* la densité critique[50]. Pour l'instant, ce point reste en litige.

Nous retrouvons avec ces modèles de multi-univers la classe des cosmologies d'éternité, décrite au chapitre 2 des *DNC*. Les notions de cycles, chères aux hindouistes, s'y retrouvent. Non pas en succession mais se chevauchant dans le temps. Ces modèles viennent à point pour « consoler » ceux que désole l'idée d'un univers qui n'aurait pas toujours existé. Ils rassurent aussi ceux qui sont allergiques à l'idée d'une création *ex nihilo*... Mais au prix de nombreuses hypothèses...

Ces scénarios appartiennent également à la classe mythologique où les principes organisateurs existent comme *au-dessus* de l'univers. Ici, les lois de la physique préexistent au monde. Par le biais d'une « fluctuation quantique », elles lui ont donné naissance. Le mode de pensée est platonicien : les idées, les chiffres, les lois sont les entités fondatrices de la réalité.

Ces scénarios « expliquent »-ils la création ? Au sens strict du terme, la création est le passage de « rien » à « quelque chose ». Ici, on ne part pas de rien... « Au commencement étaient les lois de la physique quantique », disent implicitement les auteurs.

La physique relie toujours « quelque chose » à « autre chose ». Pourquoi « ceci » : parce que « cela ». Expliquer la création serait relier « quelque chose » à « rien », *vraiment* « rien ». Un tel exploit paraît hors des possibilités de la démarche scientifique...

La Première Seconde

Crépuscule de septembre

La journée avait été magnifique et nous étions à table dans la grande cour de Malicorne. Au-dessus des arbres, le ciel rougeoyant laissait deviner le coucher de soleil sur les champs de hauts tournesols. Un rouge-gorge faisait entendre dans l'air calme et tiède ses douces notes acidulées. On entrevoyait par moments sa gorge orangée dans le feuillage aux teintes violacées de la vigne vierge qui montait vers les toitures.

La discussion portait sur l'avenir du monde. Le cosmos va-t-il se terminer dans l'embrasement général, cataclysme digne des meilleures apocalypses ? Ou, au contraire, va-t-il lentement et inexorablement se réfrigérer ? Allons-nous vers un « Big Crunch » ou un « Big Chill » ?

Le second scénario semble aujourd'hui plus vraisemblable. J'en ai donné les raisons dans les pages de ce livre. Dans ce cas, la température du cosmos n'est plus un problème pour nous. Que l'univers soit à trois ou à zéro degré ne nous fait ni chaud ni froid (au propre et au figuré) aussi longtemps que nous avons, à proximité, un Soleil pour nous tenir chaud. Mais ce Soleil va mourir dans cinq milliards d'années.

Le Soleil n'est pas irremplaçable. Il y a d'autres étoiles dans le ciel. Notre galaxie contient plusieurs milliards d'astres tout à fait semblables à notre étoile nourricière. D'ici là, nous aurons sans doute le temps d'émigrer vers des cieux plus accueillants.

Mais le temps passe et ces étoiles s'épuiseront. Dans mille milliards d'années, toute la matière galactique aura été transformée en cadavres stellaires : naines blanches, étoiles à neutrons et trous noirs. Comment la vie subsistera-t-elle ? Saurons-nous capter l'énergie des trous noirs ? Mais même cette source finira par s'épuiser...

D'où la question formulée par plusieurs convives : mais alors, à quoi bon ? Pourquoi cette aventure extravagante du Big Bang et de l'expansion pendant des milliards d'années et sur des milliards

La place de l'homme dans l'univers

d'années-lumière si elle doit irrémédiablement se terminer par un cosmos glacial et stérile ? (Ou par un cosmos incandescent si tel devait être le cas.)

Cette réaction désabusée est sans doute l'expression d'une profonde déception. D'une frustration face au rêve d'éternité inscrit, depuis les temps les plus antiques, dans les tréfonds de la psyché humaine. On voudrait que ça dure. Que ça dure toujours !

Autour de cette table et pendant que les nuages colorés s'éteignaient lentement, nous nous interrogions sur l'avenir du monde à une échelle de milliards de milliards d'années alors que notre espérance de vie se chiffre en dizaines d'années !

A quoi bon ? Mais ce jour si beau, cette rencontre chaleureuse autour de nourritures délicieuses ne sont-ils pas déjà des éléments de réponse ? La nuit achevait de tomber. Les étoiles apparaissaient une à une au-dessus de la cour. Arcturus, Véga, Deneb, Antarès, astres jeunes ou vieux, élaborant leur moisson d'atomes pour les biosphères à venir.

Plus tard, dans la nuit profonde, Andromède brillait doucement entre Cassiopée et le Carré de Pégase. Nous avons sorti le télescope pour l'admirer et observer d'autres nébuleuses. Bien au-delà de la portée de notre petit instrument, des milliards de galaxies émaillaient la voûte céleste. Et, encore plus loin, les atomes émetteurs du rayonnement fossile. Le chant du rouge-gorge s'entendait encore dans l'obscurité.

Ce repas convivial prenait sa place comme un moment béni de l'histoire de l'univers. Il allait bientôt se terminer, comme la vie de chacun d'entre nous, comme le Soleil, comme les étoiles, comme peut-être l'univers lui-même. Pourtant, de tels instants ne suffisent-ils pas à justifier l'aventure du cosmos ? La sagesse ne serait-il pas de nous en convaincre ?

Notes

Un tour d'horizon (chap. 1)

1. Les très grands chiffres que nous allons rencontrer dans ce livre rendent nécessaire l'utilisation des exposants. Par exemple, un million de millions : soit 1 000 000 000 000, ou 1 suivi de 12 zéros, s'écrit sous la forme 10^{12}. On utilise aussi le mot trillion. Le milliard (mille millions) s'écrit 10^9. Pour les fractions, la notation 10^{-6}, par exemple, signifie 1/1 000 000, soit un millionième.

Rappelons également la règle simple qui permet de passer des températures – en degrés absolus (K) – aux énergies – en électronvolts : on enlève « quatre » à l'exposant. Une énergie d'un million d'électronvolts, 10^6 eV (appelée aussi MeV), équivaut à une température de 10^{10} degrés.

2. Un lexique, à la fin du volume, permet de se remettre rapidement en mémoire la définition d'un certain nombre de termes techniques. Les mots qui y figurent sont marqués d'un astérisque à leur première citation dans l'ouvrage.

3. On serait tenté de dire que les physiciens explorent le passé tandis que les astronomes observent le présent. Rappelons cependant que « regarder loin, c'est voir tôt » (*DNC*, p. 46) ! L'astronome voit des quasars tels qu'ils étaient voici dix milliards d'années. Pourtant, le passé auquel la lumière nous donne accès est limité. Impossible, pour l'instant, de « voir » au-delà des trois mille degrés du rayonnement fossile. En ce sens, le « regard » du physicien est autrement pénétrant. Mais l'astronomie des neutrinos (*DNC*, p. 130) et des gravitons (chap. 9) devrait permettre à l'astronome de porter ses observations sur des territoires beaucoup plus anciens.

4. Ces mesures ne semblent pas compatibles avec le modèle « Ein-

stein-De Sitter » très populaire ces dernières années. Ce modèle suppose au départ que l'univers a exactement la densité critique et que la constante cosmologique est strictement nulle. Dans ce cas, l'âge calculé est inférieur à neuf milliards d'années, trop court pour accommoder les vieux amas d'étoiles de notre galaxie.

Où est passée l'antimatière ? (chap. 2)

5. A peu près celle de la collision de la comète Shoemaker-Levy avec la planète Jupiter en juillet 1994.
6. Cette conclusion est confirmée par le fait que nous détectons, en provenance du Soleil, un flux de neutrinos sans antineutrinos.
7. En fait, pour des raisons de multiplicités et de statistique, le compte précis donne deux photons pour trois électrons.
8. Cette affirmation n'est pas tout à fait exacte. Il en resterait une quantité infime, bien inférieure à celle que nous observons. Ce point sera repris au quatrième chapitre.

Le monde des quarks (chap. 3)

9. On projette des particules rapides vers l'objet à ausculter. Pénétrant dans la cible, elles y rencontrent des obstacles qui dévient la direction de leurs mouvements. La mesure des angles de déviation nous renseigne sur la nature et la structure du milieu intérieur.
10. En 1958, à l'université Cornell où j'étais étudiant, l'astrophysicien George Gamow se disait prêt à parier la moitié de sa fortune sur l'insécabilité du proton. Impressionnés par son prestige, aucun de nous n'a osé engager le pari. Nous avons eu tort... il était très riche...
11. Le mot « quark » a été inventé par James Joyce, dans *Finnegans Wake*.
12. Il n'y a pas de familles supplémentaires. Les expériences du CERN ont confirmé cette prédiction de la théorie du Big Bang (*DNC*, p. 169).
13. On aura noté le statut particulier des nucléons. Contrairement aux paires d'électrons-positrons qui foisonnent quand la température est supérieure à leur masse, les protons et les neutrons n'apparaissent qu'à une température bien inférieure à leur masse (100 MeV, soit 10^{12} K),

Notes des pages 62 à 84

alors que leur masse (1 000 MeV) correspond à 10^{13} K. Leur annihilation se poursuit jusqu'à environ 20 MeV. Cette différence de comportement vient du fait que les électrons sont des particules élémentaires alors que les nucléons sont composés de quarks.
14. Lire Stephen Weinberg, *Dreams of a Final Theory* (Vintage Book, Random House, New York, 1994), pour une excellente présentation de ces idées.
15. Grâce aux rayons X, on peut mesurer l'angle de rotation. Ces rayons nous permettent de situer la position de la maille cristalline avant et après la rotation.

La transition quark-hadron (chap. 3R)

16. Un calcul approximatif peut se faire à partir de la densité de photons du rayonnement fossile (environ 400 photons par centimètre cube). La distance moyenne entre ces particules est donc légèrement supérieure à un millimètre. Cette distance diminuant inversement avec la température, elle atteint un fermi vers 200 MeV. Cette évaluation est valable également pour toutes les particules relativistes.
17. Pourquoi cette situation exige-t-elle un champ scalaire ? Pour un champ vectoriel, la relation $P = -\rho$ ne serait pas invariante de Lorentz. Elle prendrait une forme différente selon le mouvement de l'observateur.

Unifications des forces (chap. 4)

18. On a également mesuré la durée de ces particules : environ 10^{-24} seconde ! Ces mesures ont servi à déterminer le nombre de familles de particules élémentaires. Le résultat – « trois familles » – a confirmé la prédiction de la théorie de la nucléosynthèse primordiale (*DNC*, chap. 8).
19. Pourquoi les particules ont-elles les masses qu'elles affichent ? Pourquoi l'électron a 0,5 MeV, le muon 106 MeV, et le tau 1,8 GeV ? Voilà un des mystères non résolus de la physique moderne. De même, la théorie laisse supposer que les trois variétés de neutrinos ont des masses non nulles. Mais elle ne nous permet pas de les calculer. Et les expériences n'ont encore jamais réussi à mesurer ces masses. Elles nous donnent seulement des limites supérieures (*DNC*, p. 149).
20. Une personne de 50 kilos contient 3×10^{28} protons. Si la durée

Notes des pages 85 à 101

moyenne du proton était de 3×10^{28} secondes, soit 10^{21} ans, il se produirait, en moyenne, une désintégration par seconde dans l'ensemble de notre corps.

21. Les laboratoires construits pour détecter la désintégration des protons sont ceux qui ont enregistrés le flash de neutrinos provenant de la supernova du Grand Nuage de Magellan, le matin du 23 février 1987.

L'explosion de l'étoile correspondante a eu lieu il y a environ cent soixante-neuf mille ans. Pendant toute cette durée, les neutrinos détectés en 1987 ont voyagé vers la Terre. Jusqu'en 1980 environ, date d'entrée en opération de ces laboratoires, aucun instrument terrestre n'était en mesure de les observer. Il était vraiment « moins cinq » quand ces laboratoires sont entrés en opération. Vu sous cet angle, cette détection a quelque chose d'assez vertigineux. Comme un prix de consolation offert par la nature aux diligents mais infortunés chercheurs !

Invariances et symétries en physique moderne (chap. 4R)

22. Je suggère au lecteur les pages particulièrement éclairantes de Richard Feynman sur ce sujet, in *Lectures in Physics* (Addison-Wesley, Reading, Mass., 1970).

23. Strictement parlant, l'action choisie est « extrémale », c'est-à-dire, localement, la plus petite ou la plus grande.

24. A l'échelle atomique, ces paires sont gigantesques : elles atteignent des dimensions voisines du micron. Dans la maille cristalline, des milliers de paires se recouvrent les unes les autres. Ces recouvrements engendrent un mouvement cohérent. L'ensemble se comporte alors comme un seul système quantique à l'échelle du cristal. On décrit son comportement en termes de champ global de tous les électrons.

25. L'idée est apparue en même temps chez d'autres chercheurs. On peut citer Robert Brout, Englert en Belgique, Kibble aux États-Unis, et Sochiro Nambu au Japon.

26. On peut obtenir cette relation à partir du tenseur EQM d'un fluide homogène et sans interaction : $T_{\mu\nu} = (P+\rho)u_\mu u_\nu - P g_{\mu\nu}$ où u_ν est la vitesse du fluide. Si ce fluide possède l'équation d'état : $\rho = -P$, on retrouve $T_{\mu\nu} = \rho g_{\mu\nu}$.

Notes des pages 109 à 133

27. Attention au risque de confusion : le terme « nombre baryonique » sert aussi à spécifier le rapport du nombre de baryons sur le nombre de photons (*DNC*, chap. 8), de même pour le nombre leptonique.
28. Il s'agit d'une expérience portant sur la désintégration d'un méson appelé le K.
29. Le terme « minimal » signifie que l'on a réduit au minimum les éléments du groupe de symétrie de l'unification électrofaible.

L'énigme de la constante cosmologique (chap. 5)

30. L'énergie résiduelle du champ électromagnétique provoque un léger déplacement de la position des niveaux d'énergie des atomes d'hydrogène. Cet effet observé porte le nom de « *Lamb shift* » d'après le nom du physicien David Lamb qui l'a mesuré le premier. On l'assigne à l'effet des paires positrons-électrons, qui se forment continuellement pour s'annihiler aussitôt.
31. On exige des formulations mathématiques qu'elles donnent des résultats « raisonnables ». Que les quantités physiques mesurables qu'elles prédisent ne prennent pas des valeurs infinies. Que les probabilités calculées soient comprises entre zéro et un. Ces contraintes sont à la base d'une procédure dite de « renormalisation ». Si un infini apparaît, on introduit les modifications nécessaires pour le faire disparaître pour la simple raison qu'une telle quantité ne peut pas être physique. C'est dans le cadre de telles manipulations que la réalité des énergies du vide est apparue.

L'ère de Planck (chap. 6)

32. A toute particule de masse m la physique quantique assigne une longueur d'onde de Compton : $\lambda_c = h/2\pi mc$. Cette longueur donne la distance minimale de localisation possible de cette particule. C'est la dimension du plus petit paquet d'ondes qu'on peut lui associer.
33. La masse de Planck (*DNC*, p. 93) est, par définition, la masse d'un objet dont la longueur d'onde de Compton est égale au rayon du trou noir.
34. Ces limitations apparaissent également en rapport avec les

mesures de laboratoire, telles que décrites par la physique quantique. Le temps qui s'écoule entre le début d'une expérience et la mesure finale ne se prête aucunement à la divisibilité. Il faut considérer cet intervalle comme une globalité. Tout essai d'interférer avec l'appareillage durant cette période a pour effet de changer la nature même de l'expérience. De même, l'élément de volume spatial circonscrit par un système quantique, un bloc de métal par exemple, se comporte comme un tout indivisible. Les propriétés de ce système sont dites « non locales ». Elles « appartiennent » au volume dans son ensemble et ne peuvent pas être localisées en différentes parties du système.

35. Ici se situe une des (trop) rares prédictions numériques de la théorie des supercordes. Elle permet de relier le nombre de familles de particules élémentaires (3) (*DNC*, p. 169) au nombre de dimensions supplémentaires contractées de l'espace (6). Un calcul montre en effet que le nombre de dimensions supplémentaires doit être deux fois plus élevé que le nombre de familles.

36. Cette idée de géométrie cosmique « fractale » a également été proposée par l'astrophysicien français Laurent Nottale, dans le but, notamment, de résoudre les difficultés liées aux paramètres de Planck.

Inflation cosmologique (chap. 7)

37. Certains auteurs formulent cette énigme d'une façon un peu différente. La température du cosmos décroît avec le temps. Pour qu'à un instant donné elle soit la même en chaque région du ciel, il faut que l'expansion ait « commencé » partout en même temps. Comment le « signal de départ » s'est-il communiqué aussi rapidement sur des dimensions gigantesques ?

38. Rappelons que l'unité « naturelle » de temps cosmique est le temps de Planck (10^{-43} seconde) et qu'aujourd'hui l'âge de l'univers (15 milliards d'années) correspond à 10^{60} fois cette unité.

Scénarios inflationnaires (chap. 7R)

39. Une population importante de trous noirs primordiaux massifs produirait des fluctuations observables dans la température du rayonnement fossile.

Notes des pages 164 à 185

40. De plus, les théories de formation des galaxies qui invoquent l'existence de cordes cosmiques (p. 182) ne doivent pas les obtenir par la brisure du grand groupe G en un U(1), sous peine de rencontrer le problème des monopôles...

Les défauts des champs scalaires (chap. 8)

41. L'état où les aiguilles seraient antiparallèles contient plus d'énergie que l'état parallèle vers lequel elles vont « tomber ».
42. Cette fois, c'est la sphère de causalité qui va imposer ces désalignements. La région de l'espace qui va ainsi choisir une direction ne peut pas être plus grande que la sphère de causalité au moment où cet événement se produit. Par exemple, à la rupture de la grande unification, au temps 10^{-35} seconde, le rayon causal ne dépasse pas 10^{-25} centimètre. Dans chaque volume de cette dimension une direction est choisie. Dans l'ensemble du cosmos, ces directions sont réparties d'une façon aléatoire.

Défauts topologiques (chap. 8R)

43. Le champ scalaire d'une variable réelle n'est certes pas une bonne représentation du champ de Higgs. Il s'agit, comme dans le cas des autres défauts décrits ici, d'un calcul simplifié pour obtenir un ordre de grandeur.

Origine des structures (chap. 9)

44. « Même si ça n'est pas vrai, c'est bien trouvé ! »
45. Les dernières observations du rayonnement fossile ne favorisent pas le scénario des cordes cosmiques.
46. Dans un volume V on calcule le nombre moyen N de galaxies et les fluctuations de ce nombre dN/N d'un volume à l'autre. Pour des volumes de dimension supérieure à trente millions d'années-lumière, les fluctuations sont inférieures à l'unité ($dN/N < 1$). Cette échelle correspond à une masse de $10^{13} M_\odot$, soit environ 100 galaxies.

Notes des pages 196 à 221

Origine des structures (chap. 9R)

47. Cette relation peut aussi s'écrire $R^2 = (\lambda)(N\lambda)$: le trajet rectiligne est la moyenne géométrique entre la longueur individuelle des pas (λ) et la longueur totale parcourue $(N\lambda)$.

48. Une quantité de matière galactique ($10^{11}\ M_\odot$) occupait au découplage un angle compris entre 3 et 30 secondes d'arc.

L'astronomie des ondes gravitationnelles (chap. 10)

49. Donnons quelques chiffres. Pour comparaison, assignons la valeur « unité » à l'énergie du champ le plus intense possible : celui d'un trou noir. A cette échelle, l'énergie du champ de gravité terrestre – dans lequel nous exerçons nos activités – a seulement une valeur d'un milliardième ! (Ce qui ne nous empêche pas de nous casser une jambe en tombant d'une chaise...) Sur la Lune, elle est encore cinq fois plus faible. A la surface du Soleil, elle atteint le cent-millième et, à la surface d'une naine blanche, elle ne dépasse guère le millième. Près du pulsar du Crabe, elle peut atteindre et dépasser 10 %.

La place de l'homme dans l'univers (chap. 11)

50. Plus précisément, que sa géométrie soit plane.

Lexique*

Ce lexique a pour but de permettre au lecteur de retrouver rapidement les pages où les mots répertoriés sont présentés et définis. J'ai profité de sa rédaction pour reprendre certains thèmes sous des angles différents. Dans l'étude d'un sujet aussi difficile que la cosmologie, la redondance peut parfois servir...

Action Fonction mathématique associée à un processus physique. C'est l'intégrale temporelle du **lagrangien** sur toute la durée du processus. Le **lagrangien** est une fonction des énergies d'un système physique en évolution (*PS*, p. 92). Le **hamiltonien** est une autre fonction de ces énergies (*PS*, p. 124).

Adiabaticité Durant un processus adiabatique, l'entropie du système ne change pas. Le phénomène est réversible. L'expansion ordinaire (Friedmann-Lemaître) est adiabatique; il n'y a pas création d'entropie. A l'inverse, les épisodes inflationnaires augmentent énormément l'entropie de l'univers.

Age de l'univers On peut le définir comme la durée écoulée depuis que le concept de temps est devenu utilisable (*PS*, p. 131). Son estimation exige la connaissance du paramètre de Hubble, de la densité et de la constante cosmologique. En utilisant les données les plus récentes et tenant compte de l'âge des plus vieilles étoiles, on peut le situer entre douze et seize milliards d'années (*DNC*, p. 218; *PS*, chap. 1).

---

* Les abréviations *DNC* et *PS* renvoient aux *Dernières Nouvelles du cosmos* et à *La Première Seconde*. Certains mots ne sont mentionnés que dans les *DNC*.

La Première Seconde

Antimatière Les particules de la physique existent en deux « variétés » dites de « matière » et d'« antimatière ». Il y a l'électron négatif et l'anti-électron (ou positron) positif ; il y a le proton positif et l'antiproton négatif, etc. Dans notre monde, l'antimatière existe mais en quantités infimes (*PS*, chap. 2).

Baryons De *baryos*, lourd, en grec. Désigne les particules composées de trois quarks. Cette famille comprend les nucléons (protons et neutrons) mais aussi un grand nombre de particules instables qui se désintègrent en protons (*DNC*, p. 143 ; *PS*, chap. 4R). Ces particules sont également des hadrons : elles sont sensibles à l'interaction nucléaire (ou forte).

Big Bang Théorie selon laquelle l'univers est en expansion et en refroidissement depuis environ quinze milliards d'années.

Big Chill Expression imagée pour décrire une des deux destinées possibles de l'univers : un refroidissement continu tendant asymptotiquement vers le zéro absolu.

Big Crunch L'autre destinée possible de l'univers. Après plusieurs dizaines de milliards d'années de refroidissement, il inverserait son expansion présente en une contraction et un réchauffement, retraçant à rebours les étapes du Big Bang.

Bosons Particules de spin entier : 0, 1, 2. Cette famille comprend, entre autres, l'ensemble des particules d'échange des forces de la nature : les photons pour la force électromagnétique, les W et les Z pour l'interaction faible, les gluons pour la force nucléaire et les (encore hypothétiques) gravitons pour la force de gravité. Ces particules portent également le nom de particules de « jauge ». A cela, il faut ajouter les mésons et les hypothétiques particules de Higgs de la symétrie électrofaible (*DNC*, p. 149 ; *PS*, chap. 4 et 5).

Causalité (sphère de causalité ou sphère causale) C'est l'ensemble des points de l'espace qui, à un moment donné, peuvent avoir été influencés par un événement, sachant que les effets phy-

Lexique

siques ne se déplacent pas plus vite que la lumière. La surface de cette sphère est l'**horizon**. Dans un espace fixe, sans expansion, le **rayon de la sphère causale** ou **distance de l'horizon** augmente avec la vitesse de la lumière. Dans notre univers en expansion, il augmente plus vite encore. La sphère causale **primordiale** se réfère aux événements les plus anciens. Dans l'univers contemporain, le rayon de la sphère causale primordiale est d'environ quinze milliards d'années-lumière. C'est également le **rayon de l'univers observable aujourd'hui**.
On dit qu'une masse de matière **atteint l'horizon**, ou **entre dans l'horizon** quand la sphère causale primordiale en vient à l'incorporer entièrement (*DNC*, p. 104, 211 ; *PS*, chap. 9).

Champ En général, un champ est un ensemble de valeurs numériques d'une quantité physique dans une région de l'espace. Par exemple, le champ de la température dans un volume donné : à chaque point correspond un nombre − la température en ce point. Un **champ scalaire** est un champ spécifié en chaque point de l'espace par un seul nombre. Le **champ de température** en est un exemple. En cosmologie, les champs scalaires jouent un rôle d'une grande importance.
Au voisinage d'un astre, la force de gravité varie d'un point à l'autre. L'ensemble des valeurs numériques s'appelle le **champ de gravité** de cet astre. Pour le décrire, il faut donner à la fois l'intensité de la force de gravité et aussi la direction dans laquelle elle pointe ; il faut trois nombres. De même, le **champ de vitesse** d'un fluide assigne trois valeurs numériques à chaque point : les trois composantes de la vitesse. Ce sont des **champs vectoriels**.
Il y a aussi les **champs spinoriels** (deux nombres) et les **champs tensoriels** (neuf nombres).
La physique quantique associe des champs scalaires aux particules de spin 0 (les pions, les particules de Higgs) ; des champs spinoriels aux particules de spin 1/2 (électrons, quarks, neutrinos) ; des champs vectoriels aux particules de spin unité (photons, gluons, W et Z) ; et des champs tensoriels aux particules de spin 2 (gravitons). Les théories de supersymétries introduisent également des champs associés à d'hypothétiques particules de spin 3/2.

La Première Seconde

Constantes de couplage   Valeurs numériques qui spécifient l'intensité relative de chacune des forces de la physique (*DNC*, p. 146, 196 ; *PS*, p. 80).

Constante cosmologique   En premier lieu, c'est un terme mathématique qui intervient dans l'équation fondamentale de la relativité générale d'Einstein. Par rapport au mouvement des galaxies et selon son signe, négatif ou positif, ce terme joue le même rôle qu'une hypothétique force supplémentaire, attractive ou répulsive. Dans la cosmologie contemporaine, la constante cosmologique représente l'effet répulsif des champs scalaires associés aux phénomènes d'unification (*DNC*, p. 88, 111, 116 ; *PS*, chap. 1 et 5).

Cordes cosmiques   Ces objets hypothétiques se présentent comme des filaments pratiquement sans épaisseur qui peuvent s'étendre sur des milliards d'années-lumière. Leurs champs de gravité auraient pu servir de germes aux grandes structures du cosmos. Les cordes pourraient aussi engendrer des variations de température du rayonnement fossile. Elles auraient été créées au moment des transitions de phase des champs scalaires, par exemple à la brisure de l'unification électrofaible ou de la grande unification. Mathématiquement, ce sont des « défauts topologiques » dans la texture du champ (*PS*, p. 177).

Couleur (des quarks)   Voir **Quarks**.

Courbure   Dans la théorie de la relativité générale, l'espace-temps est courbé par la présence d'objets massifs. L'espace à trois dimensions dans lequel nous vivons possède une courbure qui dépend de la densité de matière dans l'univers. S'il a exactement la densité critique (environ dix nucléons par mètre cube), il est de courbure nulle, c'est-à-dire euclidien ou plan. Son **rayon de courbure** est alors infini (*DNC*, p. 87, 88 ; *PS*, p. 120).

Découplage électromagnétique   Quand la température cosmique descend en dessous d'environ trois mille degrés, la formation des atomes d'hydrogène fait disparaître la population d'électrons libres

Lexique

avec lesquels les photons du rayonnement fossile interagissaient auparavant. Depuis cette période, le libre parcours moyen de ces photons est plus grand que le rayon de l'univers observable (*DNC*, p. 129, 135).

Découplage faible   Quand la température du rayonnement cosmique descend en dessous de dix milliards de degrés, les neutrinos du rayonnement fossile n'ont plus d'interaction avec la matière du cosmos. Depuis cette période, ils circulent librement dans l'univers et constituent le rayonnement fossile neutrinique dont la température moyenne aujourd'hui est évaluée à 1,9 K. Il n'a pas encore été détecté (*DNC*, p. 169, 177 ; *PS*, chap. 2).

Défauts topologiques des champs scalaires   La topologie est une branche des mathématiques dont l'objet est de décrire les propriétés intrinsèques des espaces. Ce sont des propriétés qu'aucune déformation locale ne peut faire disparaître ; par exemple, aucune déformation de la surface ne peut transformer une chambre à air en une sphère. Les « défauts topologiques » des champs sont des régions dans lesquelles les orientations du champ changent brusquement de direction. Ces régions possèdent des densités d'énergie élevées. Les exemples classiques sont les murs domaniaux, les cordes cosmiques et les monopôles (*PS*, chap. 8 et 9).

Densité critique   C'est la densité d'un univers plan, dont les vitesses des éléments en expansion diminuent progressivement et tendent vers zéro, sans jamais l'atteindre. Dans notre univers, sa valeur est d'environ dix atomes par mètre cube (10^{-29} g cm^{-3}) (*DNC*, p. 80).

Données initiales   Le problème de la cosmologie consiste à retrouver les paramètres physiques de l'univers primordial dont l'évolution, gouvernée par les lois de la physique, a comme résultat l'univers contemporain. Ces paramètres sont les « données initiales ». Il y a en particulier la densité, le degré d'homogénéité spatiale, l'entropie, la constante cosmologique, etc. (*DNC*, p. 209 ; *PS,* chap. 5 et 7).

La Première Seconde

Électromagnétique (force)   La force électromagnétique « soude » les atomes et les molécules. Elle gouverne les processus biologiques et elle est responsable de l'émission et de l'absorption de la lumière. Son influence décroît avec le carré de la distance à la source. Sa constante de couplage est de 0,00723 (1/137) dans notre monde « froid ». Elle augmente avec la température (*DNC*, p. 146 ; *PS*, chap. 4).

Électrons   Ces particules possèdent une charge électrique négative, une masse d'environ un demi-million d'électronvolts (0,511 MeV) et un spin d'une demi-unité. Ce sont des fermions. Les antiparticules sont les positrons qui ont la même masse et le même spin mais la charge électrique opposée. Les électrons ne sont pas sensibles à la force nucléaire : ce sont des leptons (*DNC*, p. 149 ; *PS*, chap. 2).

Énergie du vide   Voir **Vide**.

Entropie cosmique   L'entropie cosmique est numériquement proportionnelle au nombre de photons et de neutrinos fossiles. L'expansion se fait à entropie (pratiquement) constante. Sauf pendant les épisodes inflationnaires où elle s'accroît énormément (*DNC*, p. 108, 197, 220, 222 ; *PS*, chap. 1 et 5).

Entropie gravitationnelle   Dans les contextes physiques où l'énergie de gravité est la forme énergétique dominante (étoiles, trous noirs, univers), on introduit la notion d'entropie gravitationnelle en addition à l'entropie thermique. Tout comme l'énergie de gravitation, elle est proportionnelle au carré de la masse de l'objet. Pour un trou noir, elle est numériquement proportionnelle au nombre de photons émis pendant son évaporation par des phénomènes quantiques.

Faible (force)   La force dite « faible » ou encore « force de Fermi » est responsable, entre autres choses, de l'interaction des neutrinos. Elle est de courte portée (10^{-16} centimètre). Elle décroît avec la température (*DNC*, p. 146, 147 ; *PS*, chap. 4).

Lexique

Fermi Unité de longueur caractéristique des forces nucléaires, nommée d'après le physicien Enrico Fermi. Elle vaut 10^{-13} centimètre.

Fermions Particules de spin demi-entier. Cette famille comprend les particules fondamentales sur lesquelles s'exercent les forces de la nature : quarks, électrons, neutrinos, toutes de spin un demi (*DNC*, p. 149).

Friedmann-Lemaître (scénario) C'est le scénario ordinaire du Big Bang pendant lequel la température décroît d'une façon continue tandis que les distances s'accroissent régulièrement, inversement avec la température (*DNC*, p. 109). Les trois Georges (Friedmann, Lemaître et Gamov) méritent le titre de « pères du Big Bang ».

Gluons Particules d'échange de la force nucléaire. Ce sont des particules de spin unité (bosons). Il y en a huit variétés, spécifiées par des « charges » nucléaires différentes, en relation avec les couleurs des quarks. Par exemple, l'émission d'un gluon de charge « bleu-vert » transforme un quark bleu en un quark vert (*DNC*, p. 144 ; *PS*, chap. 3).
Contrairement aux photons (qui n'ont pas de charge électrique), les gluons interagissent entre eux. Cette interaction explique la différence d'intensité entre la force électromagnétique et la force nucléaire.

Gravité C'est la force qui « soude » les grandes structures : étoiles et galaxies. Elle contrôle également le mouvement d'ensemble de l'univers. Elle décroît avec le carré de la distance à la source. Sa constante de couplage dépend de la masse en jeu. Pour les protons, elle est d'environ 10^{-40} (*DNC*, p. 146).

Gravitons Particules d'échange de la force de gravité (*DNC*, p. 144 ; *PS*, chap. 10). L'absence de théorie quantique de la gravité les rend encore hypothétiques (*PS*, p. 210).

Gravitosphère cosmique Surface sphérique autour de nous, représentant l'ensemble des points au-delà desquels aucun graviton ne peut nous parvenir directement. Ces points à une température voisine de la température de Planck (10^{32} K) sont situés environ une seconde-lumière au-delà de la neutrinosphère cosmique (*DNC*, p. 30; *PS*, chap. 10).

Hadron   De *hadros*, fort, en grec. Ensemble des particules qui sont sensibles à l'interaction nucléaire. Les mésons (pions, etc.) composés de deux quarks et les baryons composés de trois quarks (nucléons, etc.) en sont des exemples (*DNC*, p. 143; *PS*, chap. 3).

Hamiltonien   Voir **Action**.

Higgs (particules de)   Pour rendre compte des phénomènes reliés à l'unification électrofaible, les physiciens ont invoqué l'existence d'un champ scalaire, auquel seraient associées des particules de spin zéro dites « de Higgs ». Leurs masses seraient de quelques centaines de GeV. Elles n'ont pas encore été détectées en laboratoire. On ne connaît pas leur nature exacte. D'autres particules analogues mais plus lourdes interviendraient au niveau de la grande unification (*PS*, chap. 4R).

Horizon   Voir **Causalité**.

Inflation (épisode d')   Période d'accroissement très rapide des distances dans l'univers, accompagnée d'une chute brutale de la température. C'est la forme particulière que prend l'expansion durant un processus analogue à une transition de phase avec surfusion. Un des champs de Higgs des théories de jauge doit, suite à la diminution de température, évoluer de son état précédent (« faux vide ») vers un nouvel état (« vrai vide) avec perte spontanée de certaines symétries. Cet épisode se produit quand la densité d'énergie thermique du cosmos devient comparable à celle du faux vide du champ scalaire (*DNC*, p. 114; *PS*, chap. 7).

Interaction (ou force)   Pour expliquer le comportement de la matière, les physiciens font appel à quatre **forces** ou **interactions**; l'interaction forte (ou nucléaire), faible (ou de Fermi), électromagnétique et gravitationnelle. En physique moderne, les mots « force » et « interaction » sont pratiquement synonymes.

Lexique

Jauge   On appelle « théories de jauge » les théories qui décrivent le comportement des forces de la nature. Dans ces théories, les forces sont exercées sur les fermions (électrons, neutrinos, quarks, etc.) par l'échange de bosons d'échange (photons, gluons, W et Z). Ces dernières particules sont souvent appelées « particules de jauge » et leurs champs respectifs « champs de jauge » (*PS*, p. 95).

Lagrangien   Voir **Action**.

Leptons   Les leptons sont des fermions qui ne sont pas sensibles à la force nucléaire : il y a les électrons, les muons, les taus et les trois variétés de neutrinos. Le mot « lepton » vient du grec *leptos*, léger. Il est mal choisi puisque les taus sont plus lourds que les protons ! (*DNC*, p. 143 ; *PS*, chap. 4.)

Longueur d'onde de Compton   C'est la plus petite distance dans laquelle une particule de masse m peut-être localisée : $\lambda_C = h/2\pi mc$. C'est la limite de la longueur d'onde de De Broglie $\lambda_{deB} = h/2\pi mv$, quand la vitesse tend vers la vitesse de la lumière. Pour l'électron, elle est de 386 fermis ; pour le proton, de 0,2 fermi.

Masse sombre ou masse manquante ; masse sombre exotique
La matière peut nous manifester sa présence de plusieurs façons. En premier lieu, par le champ de gravité qu'elle exerce par sa masse. On peut en détecter l'existence par les perturbations que ce champ provoque sur les orbites des corps avoisinants. Toute matière, quelle que soit sa nature, se manifeste de cette façon.
Elle peut encore se manifester par la lumière qu'elle émet (comme les étoiles). Cette propriété est loin d'être universelle. On a établi que plus de 90 % de la matière de l'univers ne brille pas. C'est la « masse sombre ». De surcroît, plus de la moitié de cette masse sombre ne semble pas composée de matière « ordinaire » (nucléons et électrons). C'est la « masse sombre exotique » (*DNC*, p. 82, 202 ; *PS*, chap. 5 et 9).

Masse de Jeans   Les nébuleuses de masse inférieure à la « masse de Jeans » ne peuvent pas s'effondrer sur elles-mêmes. La pression thermique les en empêche. Cette masse dépend de la température et de la densité (*PS*, p. 190).

La Première Seconde

Masse de Silk C'est la masse de la plus petite structure cosmique qui peut survivre au régime de vibrations sonores instauré avant l'émission du rayonnement fossile. Sa valeur est d'environ 10^{12} masses solaires. Les masses plus petites sont nivelées par la pression du rayonnement (*PS*, p. 195).

Mésons Famille de particules, composées d'un quark et d'un antiquark. Elles transportent la force nucléaire entre les nucléons d'un noyau. Les trois pions en sont les membres les plus légers.

Monopôles magnétiques Comme les électrons sont des particules avec une seule charge (ou pôle) électrique, les monopôles magnétiques sont des particules hypothétiques qui auraient une (seule) charge magnétique. La théorie de grande unification des forces nucléaire et électrofaible impose leurs productions dans le scénario du Big Bang. Leurs masses sont très élevées ($\approx 10^{24}$ eV) (*PS*, p. 178). Leurs densités estimées posent un problème à la théorie du Big Bang (*PS*, chap. 4 et 8).

Muons Les muons sont des particules (leptons) en tout point semblables aux électrons, sauf pour leur masse qui est de 106 MeV, soit environ deux cents fois celle de l'électron. Ils ont une vie moyenne de 2,2 microsecondes. Ils se désintègrent en électrons et en neutrinos (*PS*, p. 44). Ce sont des fermions de la deuxième famille, dite de « saveur muonique » (spin 1/2) (*DNC*, p. 148 ; *PS*, chap. 2).

Murs domaniaux Comme les cordes cosmiques et les monopôles magnétiques, les murs domaniaux sont des défauts topologiques dans la texture des champs scalaires. Dans le Big Bang, ils apparaîtraient au moment des transitions de phase par lesquelles ces champs passent d'un état d'énergie et de symétrie supérieures à un état d'énergie et de symétrie inférieures (*PS*, p. 176).

Neutrinos Les neutrinos sont des particules qui ne sont sensibles qu'à la force faible, ainsi bien sûr qu'à la force de gravité. On les dénote en général par la lettre grecque ν (nu). Ils n'ont pas de charge électrique. Ils existent en trois saveurs : neutrino électronique, neutrino muonique et neutrino tauique. Chaque neutrino a

Lexique

son antineutrino. Comme les électrons, ce sont des fermions (spin 1/2) et des leptons. Leur masse est certainement très faible, si elle n'est pas nulle (*DNC*, p. 143, 162, 204 ; *PS*, chap. 2).

Neutrons Ce sont des nucléons composés de deux quarks d et un quark u qui entrent dans la composition des noyaux atomiques. Leur masse est de 939,6 millions d'électronvolts. Ce sont des hadrons et des baryons. Ils se désintègrent en électrons et neutrinos électroniques après une vie moyenne de 980 secondes (*DNC*, p. 141, 162 ; *PS*, chap. 2). Ils doivent leur (relativement) longue durée de vie à la masse élevée (91 GeV) de la particule W vectrice des interactions faibles.

Neutrinosphère cosmique Surface sphérique, autour de nous, représentant l'ensemble des points au-delà desquels aucun neutrino ne peut nous parvenir directement (sans interaction). Ces points sont à environ dix milliards de degrés. Ils sont à quelque trois cent mille années-lumières au-delà de la photosphère cosmique. C'est de cette région que proviendrait le rayonnement fossile de neutrinos (*DNC*, p. 30 ; *PS*, chap. 2).

Nombre baryonique Ce terme désigne dans la littérature deux quantités différentes qu'il ne faut pas confondre. Les astrophysiciens le définissent comme le nombre moyen de baryons (protons et neutrons) par photons dans l'univers. Sa valeur est voisine de 3×10^{-10}. Les physiciens assignent également aux baryons le nombre baryonique $B = 1$ et aux antibaryons $B = -1$. Les quarks reçoivent $B = 1/3$ et les antiquarks $B = -1/3$. Toutes les autres particules (électrons, neutrinos, etc.) ont $B = 0$. Ces nombres sont conservés dans les réactions nucléaires. Ils ne le seraient pas dans le cadre de la grande unification (*DNC*, p. 179 ; *PS*, p. 109).

Nombre leptonique Comme pour le nombre baryonique, ce terme désigne soit le rapport de la population de leptons sur celle des photons, soit un nombre de +1, −1 ou 0. Chaque lepton (électrons, muons, taus et les trois variétés de neutrinos) se voit attribuer un nombre leptonique $L = 1$, tandis que leurs antiparticules respectives ont $L = -1$. Les autres particules ont la valeur nulle. Cette conservation n'est probablement pas absolue (*DNC*, p. 192 ; *PS*, p. 114).

La Première Seconde

Nucléaire (force)   La force nucléaire ou « forte » « soude » les quarks en nucléons ainsi que les nucléons en noyaux atomiques. Sa portée est d'environ un fermi (la longueur d'onde de Compton des pions). Sa constante de couplage voisine de l'unité décroît progressivement à haute température (*DNC*, p. 146 ; *PS*, chap. 4).

Nucléons   On regroupe sous ce nom générique les particules, protons et neutrons, qui entrent dans la composition des noyaux atomiques. Les nucléons sont des baryons composés de quarks u et d. Ce sont des fermions de spin 1/2 (*DNC*, p. 141 ; *PS*, chap. 3). Ils apparaissent dans l'univers au voisinage de 10^{12} K, à la fin de la transition quark-hadron, quand l'horloge cosmique marque environ 40 microsecondes (*PS*, chap. 3).

Nucléosynthèse primordiale   Quand la température passe de dix milliards à un milliard de degrés, des noyaux de deutérium, d'hélium-3, d'hélium-4 et de lithium-7 sont engendrés par des réactions nucléaires à l'échelle du cosmos (*DNC*, chap. 8).

Particules élémentaires   Ce sont des particules dont nous n'avons pas de raison de penser qu'elles ont des constituants internes. On considère, jusqu'à nouvel ordre, les électrons, les muons, les taus, les neutrinos, les quarks d'une part, les photons, les gluons, les W et les Z comme des particules élémentaires. Dans la théorie des supercordes, les vraies particules élémentaires sont les supercordes (*PS*, chap. 6).

Perte de symétrie   Voir **Symétrie**.

Photons   Ce sont les « grains de lumière ». Les photons sont des particules de spin unité (bosons) associées au champ électromagnétique ; ce sont les vecteurs de la force électromagnétique. On les dénote en général par la lettre grecque γ (gamma).

Photosphère cosmique   Surface sphérique située à environ quinze milliards d'années-lumière, représentant l'ensemble des points au-delà desquels aucun photon ne peut nous parvenir directement (sans interaction). Ces points de l'espace sont à environ trois mille degrés.

Lexique

Le rayonnement fossile de photons est émis par la photosphère cosmique comme le rayonnement du Soleil est émis par la photosphère solaire (*DNC*, p. 130).

Pions Particules composées de deux quarks (un quark et un antiquark). Ce sont des mésons et des hadrons. Ils sont les véhicules de la force nucléaire entre les nucléons à l'intérieur des noyaux atomiques, tout comme les gluons en sont les véhicules entre les quarks des nucléons. Ce sont des bosons de spin 0. Ils existent en trois variétés. Les pions chargés positivement et négativement ont une masse de 140 MeV et une vie moyenne de $t = 2,6 \times 10^{-8}$ s. Ils se désintègrent en muons, électrons et neutrinos. Le pion neutre a une masse légèrement inférieure, 135 MeV, et une vie beaucoup plus courte : $8,2 \times 10^{-17}$. Il se désintègre en photons énergétiques (gamma). La longueur d'onde de Compton du pion est une mesure de la distance moyenne entre les nucléons dans les noyaux atomiques. L'annihilation d'hypothétiques masses de matière et d'antimatière dans l'univers produirait un flux intense de pions. Leur désintégration en photons gamma en révélerait la présence (*DNC*, p. 150 ; *PS*, chap. 2).

Planck La **particule de Planck** est une particule hypothétique de masse égale à 10^{19} GeV équivalente à la **température de Planck** : 10^{32} K, soit environ 20 microgrammes. Par définition, c'est la masse de la particule dont la longueur d'onde de Compton est égale au rayon du trou noir (*DNC*, p. 93 ; *PS*, chap. 6). C'est la masse du plus petit trou noir compatible avec la physique quantique. Il s'évaporerait en un **temps de Planck**, soit 10^{-43} seconde. L'**ère** (ou **domaine**) **de Planck** équivaut à la période à laquelle l'univers aurait atteint 10^{32} K. Il est traditionnel de la situer à un temps de 10^{-43} s, « après le Big Bang », bien que cela ne veuille probablement rien dire. La **longueur de Planck** est le trajet parcouru par la lumière en un temps de Planck = 10^{-33} centimètre. C'est le rayon de la sphère de causalité pendant l'ère de Planck. **Constante de Planck h** : ce nombre qui donne le coefficient de proportionnalité entre l'énergie d'un photon et sa fréquence est aussi une mesure de l'**unité** de moment angulaire des particules. La rotation diurne de la Terre correspond à 10^{68} unités de Planck.

La Première Seconde

Portée   Ce mot décrit la façon dont l'influence des forces se fait sentir au voisinage de leur source. L'intensité de la force gravitationnelle et de la force électromagnétique diminue avec le carré de la distance : ce sont des forces à longue portée. La force nucléaire et la force faible sont à courte portée : 10^{-13} cm (longueur d'onde de Compton du pion) pour la première et 10^{-16} cm (longueur d'onde de Compton du W et du Z) pour la seconde (*DNC*, p. 146 ; *PS*, chap. 3 et 4).

Proton   Le proton est un fermion de spin 1/2 composé de deux quarks u et un quark d. Sa masse est de 938,3 MeV, soit 1,3 MeV de moins que le neutron. C'est un hadron et un baryon (*DNC*, p. 141). La durée de vie moyenne d'un proton est supérieure à 10^{31} ans. Elle n'est vraisemblablement pas infinie (*PS*, chap. 4).

Protogalaxie   Nom donné à la masse de matière, environ 10^{12} masses solaires (masse totale, y compris la composante sombre), qui allait devenir notre galaxie (*DNC*, p. 214 ; *PS*, p. 181). Cette matière participe à l'expansion du cosmos jusqu'à l'émission du rayonnement fossile. Plus tard, elle se replie sur elle-même et se stabilise sous l'effet combiné de son champ de gravité et de sa rotation.

Pulsars   Étoiles extrêmement denses (étoiles à neutrons) qui tournent sur elles-mêmes à plusieurs tours par seconde. Elles projettent un faisceau lumineux qui balaie l'espace à la façon d'un gyrophare. Leur masse est voisine de celle du Soleil et leur rayon est de quelques dizaines de kilomètres. Leur densité atteint le million de milliards (10^{15}) de grammes au centimètre cube. Elle est comparable à celle des noyaux atomiques (*PS*, chap. 10).

Quarks   Particules de spin 1/2 (fermions) et de charges électriques fractionnelles (1/3 et 2/3) qui sont les constituants des baryons (3 quarks) et des mésons (2 quarks). Ils sont sensibles aux quatre interactions de la physique. **Couleur des quarks** : par rapport à l'interaction nucléaire, les quarks existent en trois variétés nommées arbitrairement « couleurs ». On choisit bleu-vert-rouge pour décrire le fait que les nucléons – mélange des trois couleurs – n'ont pas de couleur, ils sont « blancs ». La force nucléaire entre les quarks est véhiculée par l'échange de gluons. **Saveur des quarks** : par rap-

Lexique

port à l'interaction faible, les quarks existent en six saveurs : u, d, c, s, b, t. La force faible entre les quarks est véhiculée par l'échange des W et des Z. Par exemple, un quark u émet un W et devient un quark d (*DNC*, p. 149 ; *PS*, chap. 3).

Rayon de courbure   Voir **Courbure**.

Rayonnement fossile (de photons)   C'est un « gaz » de photons dont l'énergie moyenne est voisine du millième d'électronvolt, correspondant à des longueurs d'onde d'environ un millimètre, réparti uniformément dans tout le cosmos. Il a été découvert en 1965 (*DNC*, p. 119). Au moment de son émission par la photosphère cosmique à la température de trois mille degrés, l'énergie de ses photons était d'environ un électronvolt et sa couleur était rouge (*DNC*, p. 130). La théorie du Big Bang prévoit également l'existence d'un **rayonnement fossile de neutrinos** avec des propriétés tout à fait comparables ainsi que d'un **rayonnement fossile de gravitons**. Ces deux derniers rayonnements n'ont pas encore été détectés.

Saveur   Voir **Quarks**.

Scalaire   Un champ scalaire est un champ spécifié en chaque point de l'espace par un seul nombre. Par exemple, le champ de la température dans un volume donné : à chaque point correspond un nombre, la température en ce point. Le champ de vitesse d'un fluide qui décrit les vitesses du fluide en chaque point assigne trois valeurs numériques à chaque point : les trois composantes de la vitesse. C'est un champ vectoriel.
Aux particules de spin nul de la physique (les pions ou les particules de Higgs) sont associés des champs scalaires. Pour cette raison, ces particules sont appelées des particules scalaires.
Aux particules de spin unité : photons, W, Z, gluons sont associés des champs vectoriels. Les hypothétiques gravitons de spin 2 sont associés à des champs tensoriels spécifiés en chaque point par neuf nombres différents (*PS*, chap. 3 et 4).

Sphère de causalité   Voir **Causalité**.

La Première Seconde

Spin Propriété des particules qui décrit leur moment cinétique intrinsèque. Elle se mesure en terme de « h », la constante de Planck. Seules les valeurs entières et semi-entières sont admises par la physique quantique. Les particules de spin demi-entier sont des fermions. Les particules de spin entier sont des bosons (*PS*, chap. 2).

Supercorde Les supercordes sont des êtres hypothétiques à une seule dimension. Leur longueur est environ la longueur de Planck (10^{-33} centimètre). Selon cette théorie, ces objets seraient les éléments fondamentaux de la nature. Les particules de la physique seraient en fait des modes de vibration de ces supercordes (*PS*, chap. 6).

Supersymétrie La théorie de la supersymétrie suppose que les particules de spins différents sont associées par un grand groupe appelé « groupe de supersymétrie ». Elle implique l'existence d'opérateurs qui transforment une particule de spin donné en une particule de spin différent. Les fermions (de spin demi-entier) pourraient, sous leur action, être changés en bosons (spin entier). Puisqu'il existe des particules de spin 1/2, 1 et 2, il devrait exister aussi des spins 0 et 3/2, histoire de compléter le quintette : 0, 1/2, 1, 3/2, 2. Si la notion de supersymétrie s'applique à la réalité, il doit y avoir des particules élémentaires de type scalaire.

La théorie de la supersymétrie est encore bien hypothétique. On ne connaît aucune preuve observationnelle de sa validité. Pourtant, il y a un argument important en sa faveur : il existe une parenté profonde entre les opérateurs de supersymétrie et les opérateurs d'espace-temps. On peut montrer que le produit de deux opérations de supersymétrie, consistant à transformer un fermion en un boson puis à retransformer ce boson en un fermion, équivaut à un simple déplacement de cette particule dans l'espace-temps. L'existence de ces opérateurs nous invite à penser que l'idée de la supersymétrie doit correspondre à la réalité, même si nous ne savons pas encore l'exprimer correctement, même si nous ne savons pas encore dans quel secteur de la physique elle trouve sa véritable application.

Cette situation est analogue à celle de la théorie des champs de jauge, élaborée en 1956 par les physiciens Chen Nin Yang et

Lexique

S. Mills et appliquée par eux, à tort, à la description du proton et du neutron. Quand, en 1972, les physiciens Steven Weinberg et Abdus Salam l'ont appliquée aux électrons et neutrinos, ils ont pu montrer sa validité en résolvant le problème de l'interaction électrofaible.

Surfusion Au sens premier : phénomène par lequel une substance reste accidentellement liquide à une température inférieure à sa température de fusion. On étend cette définition aux champs scalaires de la physique qui restent dans un état de haute énergie, même au-dessous de la température critique, où la transition vers l'état d'énergie inférieur est thermodynamiquement attendue. Les périodes de surfusion donnent lieu aux épisodes d'inflation (*PS*, chap. 3).

Symétrie Si un objet est inchangé après une transformation, on dit que cette transformation est une opération de symétrie (ou une « symétrie ») de cet objet ; exemple : les rotations du carré par des angles multiples de 90 degrés (*PS*, chap. 4). Une substance passant d'un état de haute énergie à un état de basse énergie peut voir se restreindre le nombre des symétries qui la caractérise ; on parle alors de **brisure** ou **perte de symétrie**. Dans une théorie de jauge, un groupe de transformations est choisi et l'on exige que certains objets (champs, lagrangien) soient inchangés sous ces symétries (ce sont les scalaires) tandis que d'autres seront changés les uns dans les autres (neutrinos en électrons, par exemple, dans la symétrie électrofaible).

Tau Les taus sont des leptons, en tout point semblables aux électrons et aux muons, sauf pour leur masse qui est de 1 784 MeV, soit environ trois mille six cents fois celle de l'électron. Ils ont une vie moyenne inférieure à $2,3 \times 10^{-12}$ s. Ils se désintègrent en muons, électrons et en neutrinos. Ce sont des fermions de la troisième famille, dite de « saveur tauique » (spin 1/2) (*DNC*, p. 149 ; *PS*, chap. 4).

Tenseur énergie-quantité-de-mouvement (EQM) C'est un tenseur de 16 termes regroupant l'énergie et les diverses quantités de mouvements d'un système physique. Dans la théorie de la relativité générale, il représente l'ensemble de ce qui « gravite ».

La Première Seconde

Transition de phase Passage d'un système physique d'un état à un autre état. A toute transition de phase correspond une température critique, au-dessus de laquelle il est « normalement » dans un état de haute énergie et en dessous de laquelle le système est « normalement » dans son état de basse énergie. Dans certaines conditions, le système demeure temporairement dans l'état supérieur en dessous de la température critique. On parle alors de **surfusion**.
Ces changements de phase se décrivent en termes de « paramètre d'ordre ». Ce paramètre est une variable apte à mesurer l'accroissement « d'ordre » accompagnant la transformation. Pour l'apparition du paramagnétisme, ce paramètre d'ordre est le champ magnétique moyen ; pour la cristallisation, c'est une mesure de l'alignement des cristaux (*PS*, chap. 3 et 7).

Trou noir Masse de matière condensée sur elle-même au point que la lumière ne peut s'en échapper. Une masse solaire confinée dans un volume de moins de dix kilomètres de rayon possède un champ de gravité suffisamment intense pour retenir la lumière. Des trous noirs d'environ une masse solaire se forment au moment de la mort et de l'effondrement des étoiles massives. Les quasars sont des galaxies à noyaux actifs qui hébergent vraisemblablement des trous noirs de plusieurs millions de masses solaires (*DNC*, p. 220 ; *PS*, p. 129). Le rayon d'un trou noir de masse m est donné en égalant son énergie de masse Mc^2 à son énergie potentielle, proportionnelle à $2GM^2/R$.

Unification (grande) Théorie selon laquelle la force nucléaire, la force électromagnétique et la force faible seraient des manifestations d'une même interaction. L'unification serait réalisée à des températures voisines de 10^{28} degrés (*PS*, chap. 4).

Unification électrofaible Théorie selon laquelle la force électromagnétique et la force faible sont des manifestations de la force électrofaible. L'unification est réalisée à des températures supérieures à 10^{15} K. L'interaction électrofaible est transportée par les bosons W et Z dont la grande masse (91 et 80 GeV) est responsable de la courte portée de la force faible. (En fait, il s'agit d'une unification incomplète ; les deux forces sont plutôt interreliées que

Lexique

vraiment unifiées ; il reste encore deux constantes de couplage alors qu'une véritable unification n'en garderait qu'une.) (*PS*, chap. 4.)

Univers plan ou euclidien   C'est un univers de densité égale à la densité critique. Il se refroidit continuellement et sa température tend vers le zéro absolu. Sa durée est infinie. Il n'a pas de courbure. Si sa topologie est simple, son volume est fini (*DNC*, p. 73, 87).

Univers fermé   C'est un univers de densité supérieure à la densité critique. Il se refroidit continuellement. Après une longue période de refroidissement, il se réchauffera à nouveau (**Big Crunch**). Sa durée est finie. Sa courbure est positive, comme celle d'une sphère. Si sa topologie est simple, son volume, de dimension finie, augmente progressivement pour ensuite régresser en dimension quand la température remontera (*DNC*, p. 73, 87).

Univers ouvert   C'est un univers de densité inférieure à la densité critique. Il se refroidit continuellement et sa température tend vers le zéro absolu (**Big Chill**). Sa durée est infinie. Sa courbure est négative, analogue à celle d'un tajine marocain. Si sa topologie est simple, son volume est infini (*DNC*, p. 73, 87).

Vide   On appelle « vide », en physique quantique, l'état d'un champ qui ne contient pas de particules. Même dans cet état, le champ possède une densité d'énergie résiduelle non nulle. Elle est associée à la formation continuelle de paires de particules et d'antiparticules qui s'annihilent et disparaissent aussitôt. Les densités d'énergies résiduelles des champs scalaires seraient responsables des épisodes d'inflation (*DNC*, p. 113 ; *PS*, chap. 4 et 5).

W et Z   Ce sont les particules d'échange de la force faible. Le W dont la masse est de 91 GeV existe en deux variétés de charges électriques opposées : le W^+ et le W^-. Il est responsable des interactions faibles qui changent la nature des particules soumises à la force faible : par exemple, la transformation d'un électron en un neutrino. On parle ici de « courants chargés ». Le Z est une particule neutre dont la masse est de 80 GeV. Il ne change pas la nature des particules. On parle de « courants neutres ». Dans l'unification électrofaible, le Z se « mélange » au photon (*DNC*, p. 144, 150; *PS*, chap. 4).

Wimps Ce sont d'hypothétiques particules massives soumises à l'interaction faible. Des sortes de neutrinos lourds. Leur existence est prédite par la théorie de la supersymétrie. Ils pourraient être des candidats au titre de masse sombre exotique (*PS*, p. 108).

X et Y Ce sont les particules d'échange de l'hypothétique force de grande unification. Leur masse serait voisine de 10^{25} GeV. Elles se désintégreraient en quarks et leptons sans nécessairement conserver le nombre B. Par là, elles peuvent entraîner la transformation des quarks en leptons et *vice versa*. Elles seraient responsables d'une instabilité du proton qui ne devrait sa très longue vie qu'à leur très grande masse (*PS*, chap. 4).

RÉALISATION : PAO ÉDITIONS DU SEUIL
IMPRESSION : S. N. FIRMIN-DIDOT AU MESNIL-SUR-L'ESTRÉE
DÉPÔT LÉGAL : SEPTEMBRE 1995. N° 22588 (31795).

Collection « Science ouverte »
dirigée par Jean-Marc Lévy-Leblond

Pierre Achard et al., *Discours biologique et Ordre social,* 1977
Jean-Pierre Adam, *Le Passé recomposé,* 1988
Alexander Alland, *La Dimension humaine,* 1974
Jacques Arsac, *Les Machines à penser,* 1987
Peter W. Atkins, *Comment créer le monde,* 1993
Henri Atlan, *A tort et à raison*,* 1986
Henri Atlan & Catherine Bousquet, *Questions de vie* , 1994
Madeleine Barthélémy-Madaule
   Lamarck ou le Mythe du précurseur, 1979
Stella Baruk, *Échec et Maths*,* 1973
   Fabrice ou l'École des Mathématiques*, 1977
   L'Age du capitaine*, 1985
   Dictionnaire de Mathématiques élémentaires, 1992
   C'est à dire, 1993
Jean Bernard, Marcel Bessis, Claude Debru (sous la dir. de)
   Soi et Non-Soi, 1990
Marcel Blanc, *Les Héritiers de Darwin,* 1990
William Broad & Nicholas Wade
   La Souris truquée*, 1987
Jean-Louis Boursin, *Les Dés et les Urnes,* 1990
Henri Broch, *Le Paranormal*,* 1985
Mario Bunge, *Philosophie de la physique,* 1975
Max de Ceccatty, *Conversations cellulaires,* 1991
Jean Chaline, *Une famille peu ordinaire,* 1994
Giovanni Ciccotti et al., *L'Araignée et le Tisserand,* 1979
Robert Clarke, *Naissance de l'homme*,* 1982
Claudine Cohen, *Le Destin du mammouth,* 1994
Paul Colinvaux, *Les Manèges de la vie*,* 1982
Harry Collins, *Experts artificiels,* 1992
Harry Collins & Trevor Pinch
   Tout de ce que vous devriez savoir sur la science, 1994
Benjamin Coriat, *Science, technique et capital,* 1976

* L'astérisque indique les ouvrages disponibles dans la série de poche « Points Sciences ».

Michel Crozon, *La Matière première*, 1987
Michel Cribier, Michel Spiro & Daniel Vignaud
   La Lumière des neutrinos, 1995
William C. Dement, *Dormir, rêver*, 1981
Antoine Danchin, *Une aurore de pierres*, 1990
Alain Dupas, *La Lutte pour l'espace*, 1977
Albert Einstein et Max Born, *Correspondance 1916-1955*, 1988
Albert Einstein et Mileva Maric, *Lettres d'amour et de science*, 1993
Ivar Ekeland, *Le Calcul, l'imprévu**, 1984
   Au hasard, 1991
Paul Feyerabend, *Contre la méthode**, 1979
   Adieu la Raison, 1989
Peter T. Furst, *La Chair des dieux,* 1974
Jean-Gabriel Ganascia, *L'Ame-Machine*, 1990
Jacques Gapaillard, *Et pourtant, elle tourne!*, 1993
Martin Gardner, *L'Univers ambidextre**, 1985
Bertrand Gille, *Les Mécaniciens grecs*, 1980
Jean Gimpel, *La Fin de l'avenir*, 1992
Stephen J. Gould, *Le Sourire du flamant rose**,1988
   La vie est belle, 1991
   La Foire aux dinosaures, 1993
   Le Livre de la vie, (sous la dir. de), 1993
George Greenstein, *Le Destin des étoiles*, 1987
Francis Hallé, *Un monde sans hiver*, 1993
Edward Harrison, *Le Noir de la nuit*, 1990
P. Huard, J. Bossy, G. Mazars, *Les Médecines de l'Asie*, 1978
Albert Jacquard, *Éloge de la différence**, 1981
   Au péril de la science?*, 1984
   L'Héritage de la liberté*, 1986
Jean Jacques, *Les Confessions d'un chimiste ordinaire*, 1981
Patrick Lagadec, *La Civilisation du risque*, 1981
   États d'urgence, 1988
Gérard Lambert, *L'Air de notre temps*, 1995
André Langaney, *Le Sexe et l'Innovation**, 1979
Tony Lévy, *Figures de l'infini*, 1987
J.-M. Lévy-Leblond et A. Jaubert
   (Auto)critique de la science*, 1973
Eugene Linden, *Ces singes qui parlent*, 1979

Georges Ménahem, *La Science et le Militaire*, 1976
P.-A. Mercier, F. Plassard, V. Scardigli, *La Société digitale*, 1984
Abraham A. Moles, *Les Sciences de l'imprécis**, 1990
Catherine Mondiet-Colle, Michel Colle, *Le Mythe de Procuste*, 1989
Jacques Ninio, *La Biologie buissonnière*, 1991
Josiane Olff-Nathan (sous la dir.)
 La Science sous le IIIe Reich, 1993
Daniel Raichvarg & Jean Jacques, *Savants et Ignorants*, 1991
Hubert Reeves, *Patience dans l'azur**, 1981
 Poussières d'étoiles*, 1984
 L'Heure de s'enivrer*, 1986
 Malicorne, 1990
 Compagnons de voyage, 1992
 Dernières Nouvelles du cosmos, 1994
Jacques-Michel Robert, *Comprendre notre cerveau**, 1982
 L'Aventure des neurones, 1994
Colin Ronan, *Histoire mondiale des sciences*, 1988
Philippe Roqueplo, *Le Partage du savoir*, 1974
 Penser la technique, 1983
Steven Rose, *Le Cerveau conscient*, 1975
 La Mémoire, 1994
H. Rose, S. Rose *et al.*, *L'Idéologie de/dans la science*, 1977
Joël de Rosnay, *L'Aventure du vivant**, 1988
Rudy Rucker, *La Quatrième Dimension*, 1985
Carl Sagan, *Les Dragons de l'Eden*, 1980
Carl Sagan & Richard Turco, *L'Hiver nucléaire*, 1991
Henri de Saint-Blanquat, *Mémoires de l'humanité*, 1991
Abdus Salam, W. Heisenberg & P. A. M. Dirac
 La Grande Unification, 1991
Jean-Claude Salomon, *Le Tissu déchiré*, 1991
Evry Schatzman, *Les Enfants d'Uranie*, 1986
Michel Schiff, *L'Intelligence gaspillée*, 1982
William Shea, *La Révolution galiléenne*, 1992
Roger N. Shepard, *L'œil qui pense*, 1992
Dominique Simonnet, *Vivent les bébés !*, 1986
William Skyvington, *Machina Sapiens*, 1976
Solomon H. Snyder, *La Marijuana*, 1973
Isabelle Stengers *et al.*, *D'une science à l'autre*, 1987

Peter S. Stevens, *Les Formes dans la nature*, 1978
Pierre Thuillier, *Le Petit Savant illustré*, 1978
  Les Savoirs ventriloques, 1983
Michel Tibon-Cornillot, *Les Corps transfigurés*, 1992
Francisco J. Varela, *Connaître*, 1989
Jacques Vauclair, *L'Intelligence de l'animal*, 1992
Jacques Véron, *Arithmétique de l'Homme*, 1993
Renaud Vié le Sage, *La Terre en otage*, 1989
Steven Weinberg, *Les Trois Premières Minutes de l'univers**, 1978